高等职业教育工业生产自动化技术系列教材

可编程控制器原理及应用
（三菱机型）（第3版）

高　勤　主　编

田培成　卢　秀　副主编

U0304703

电子工业出版社

Publishing House of Electronics Industry

北京·BEIJING

内 容 简 介

本书按照高职教育课程教学的基本要求和特点，以"注重原理和应用"为前提编写理论知识；以"提高学生操作技能"为原则，突出对实践能力的培养。

本书以三菱公司的 FX$_{2N}$ 系列 PLC 为蓝本，介绍了 PLC 基本概况、的指令系统、程序设计方法、特殊功能模块及通信功能，编程设备及编程软件的使用，以及 PLC 的实际应用等。每章都设有针对性较强的习题，还设置了实验和实训内容。

本书可作为高职院校的工业生产自动化专业、电气自动化专业、机电一体化专业及数控设备维修等相关专业的教材，也可供电气技术人员参考使用。

未经许可，不得以任何方式复制或抄袭本书之部分或全部内容。

版权所有，侵权必究。

图书在版编目（CIP）数据

可编程控制器原理及应用：三菱机型/高勤主编. —3 版. —北京：电子工业出版社，2013.8
全国高等职业教育工业生产自动化技术系列规划教材

ISBN 978-7-121-21061-7

Ⅰ. ①可… Ⅱ. ①高… Ⅲ. ①可编程序控制器－高等职业教育－教材 Ⅳ. ①TM571.6

中国版本图书馆 CIP 数据核字（2013）第 169599 号

策划编辑：王昭松
责任编辑：王昭松
印　　刷：北京虎彩文化传播有限公司
装　　订：北京虎彩文化传播有限公司
出版发行：电子工业出版社
　　　　　北京市海淀区万寿路 173 信箱　邮编 100036
开　　本：787×1 092　1/16　印张：13.75　字数：352 千字
版　　次：2006 年 8 月第 1 版
　　　　　2013 年 8 月第 3 版
印　　次：2021 年 7 月第 12 次印刷
定　　价：32.00 元

凡所购买电子工业出版社图书有缺损问题，请向购买书店调换。若书店售缺，请与本社发行部联系，联系及邮购电话：(010) 88254888，88258888。

质量投诉请发邮件至 zlts@phei.com.cn，盗版侵权举报请发邮件至 dbqq@phei.com.cn。

本书咨询联系方式：(010) 88254015　wangzs@phei.com.cn　QQ：83169290。

第 3 版前言

可编程控制器是以微处理器为核心的控制装置，广泛应用于机械制造、石化、冶金、电力、汽车、交通、轻工等行业中，是工业自动化控制系统的关键设备。可编程控制器技术是工业生产自动化专业、电气自动化专业、机电一体化专业及数控设备维修等专业的重要课程。为满足高职教育及其他读者的需求，本教材进行了第 3 次修订。

本教材的第 3 版仍按照高职教育课程教学的基本要求和特点，以"注重原理和应用"为前提编写理论知识；以"提高学生操作技能"为原则，淡化理论，强化实用，突出对实践能力的培养。为方便教学，本教材设置有课后习题、实验、实训内容。第 3 版教材在总体结构不变的情况下，精选和归纳了有关章节的内容，使其更加精炼、实用。根据第 2 版教材近 4 年的使用情况，对课后习题及实践教学等内容也进行了增补和修改。

本教材力求具有以下特点：

1. 为方便教学、突出对操作技能的培养，本教材编写了 10 个实验项目、26 个实训项目，同时还编写了难易程度不同的必做内容和选做内容，以满足各类型、各层次实践教学的需求。

2. 由浅入深地介绍了理论性较强的模拟量模块及 PID 闭环控制，并编写了相应的过程控制实训项目。

3. 对常用的功能指令均编写有应用示例。编写了简明易懂的通信功能内容并配有针对性较强的课后习题。

4. 本教材配套有多媒体课件，课件后附有部分试题，可供教师和学生参考使用。

本书由高勤任主编，田培成、卢秀任副主编。全书分为 10 章，其中第 1、2、7、9、10 章和全书的习题由高勤编写，第 3 章由武付香编写，第 4 章由田培成编写，第 5 章由卢秀编写，第 6、8 章由宁红英编写。

在本书的编写过程中，编者参考了一些文献、教材和相关厂家的技术资料，在此一并表示感谢！

由于编者的水平和经验有限，书中难免存在错误和疏漏，敬请读者批评指正。对本教材的意见和建议请发邮件至 gaogaoqin@163. com。

作　者
2013 年 5 月

目　　录

第1章 可编程控制器的基本概况

□ 本章要点

　1. 可编程控制器的功能及应用范围。

　2. 可编程控制器的基本组成及工作原理。

　3. 可编程控制器开关量I/O单元的作用及接线方式。

1.1 可编程控制器简介

1.1.1 可编程控制器的产生和定义

可编程控制器是以微处理器为核心，将计算机技术、自动控制技术及通信技术融为一体的工业控制装置。

1968年美国的通用汽车公司首先提出了可编程控制器的概念，1969年美国数字设备公司（DEC）研制出了世界上第一台PLC，当时的可编程控制器只能用于执行逻辑判断、定时、计数等顺序控制功能，所以被称为可编程序逻辑控制器（Programmable Logical Controller），简称PLC。PLC最早用于取代汽车生产线上的继电器控制系统，随即扩展到食品加工、制造、冶金等行业。1971年日本引进了这项生产技术，并开始生产自己的PLC。1973年德国西门子公司研制出欧洲的第一台PLC。我国从1974年开始研制，1977年开始工业应用。

在20世纪70年代，随着半导体技术及微机技术的发展，PLC采用了微处理器作为中央处理器，输入/输出单元和外围电路也都采用了中、大规模甚至超大规模的集成电路，使PLC具有多项优点，并形成了各种规格的系列产品，成为一种新型的工业自动控制标准设备。这时的PLC已经具有逻辑判断、数据处理、PID控制和数据通信功能，因此被改称为可编程控制器，简称PC，为了有别于通用计算机（PC），所以现仍沿用PLC的简称。

1987年2月，国际电工委员会（IEC）在可编程控制器的标准草案中做了如下定义："可编程控制器是一种数字运算操作的电子系统，专为在工业环境应用而设计，它采用可编程序的存储器存储逻辑运算、顺序控制、定时、计数和算术运算等操作的指令，并通过数字式和模拟式的输入/输出接口，控制各种类型的机械或生产过程。可编程控制器及其有关外围设备，易于与工业控制系统连成一个整体，并易于扩充其功能。"

可编程控制器是专门为工业环境下应用而设计的自动控制装置。可编程控制器有一套功能完善且简单的管理程序，能够完成故障检查、用户程序输入、修改、执行与监视等功能；PLC采用以传统电气图为基础的梯形图语言编程，方法简单且易于学习和掌握；PLC有很多适用于各种工业控制系统的软件和硬件模块，便于编程，易于和自动控制系统相连接，可以方便灵活地构成不同要求、不同规模的控制系统；PLC还具有极强的环境适应性和抗干扰能力。由于以上这些特点，可编程控制器已成为工业自动控制系统的重要支柱。

1.1.2　可编程控制器的功能及特点

1. 可靠性高，抗干扰能力强

因为可编程控制器是专为工业控制而设计的，所以除了对内部元器件进行严格地筛选外，在软件和硬件上都采用了许多抗干扰的措施，如屏蔽、滤波、隔离、故障诊断和自动恢复等，这些措施大大提高了PLC的抗干扰能力和可靠性。另外，由于PLC采用循环扫描的工作方式，所以能在很大程度上减少软故障的发生。在一些高档的PLC中，还采用了双CPU模块并行工作的方式。如OMRON 2000H大型机，即使它的CPU出现一个故障，系统也能正常工作，同时还可以修复或更换有故障的CPU模块；又如西门子的S5-115H型PLC，它不仅CPU是冗余的，内部系统中所有的模块也都是冗余的，这样就极大地增加了控制系统整体的可靠性。可编程控制器的平均无故障时间达到30万小时以上。

2. 适应性强，应用灵活

由于PLC是系列化产品，其品种齐全，多数采用模块式的硬件结构，所以组合和扩展方便，用户可以根据自己的需要灵活选用，以满足各种不同规模控制系统的需要。

3. 编程方便，易于使用

可编程控制器是面向现场应用的电子控制装置，一直采用大多数电气技术人员熟悉的梯形图语言编程。梯形图语言延续使用继电器控制系统的许多符号和规定，其形象直观、易学易懂，电气工程师和具有一定基础的技术操作人员都可以在短时间内学会。这是和学习掌握计算机控制技术的一个较大区别。

4. 具有各种接口，与外部设备连接方便，适应范围广

目前PLC的产品已经系列化、模块化，具有各种数字量、模拟量的I/O接口，能与生产现场的一些传感器及多种规格的交、直流信号直接连接。PLC的输出接口在多数情况下也可以直接与各种执行器（继电器、接触器、电磁阀、调节阀等）连接，因此能方便地进行系统配置，组成规模、功能不同的控制系统。PLC的适应能力非常强，利用它可以控制一台单机自动化系统，也可以控制一条生产线，还可以应用在复杂的集散控制系统中。

5. 功能完善

可编程控制器具有模拟量和数字量的输入/输出、逻辑运算、定时、计数、数据处理、通信、人机对话、自检、记录和显示等功能，可以实现顺序控制、逻辑控制、位置控制和闭环的生产过程控制，通过编程器在线和离线修改程序，就能更改系统的控制功能及要求。

1.1.3　可编程控制器的应用及发展

1. 可编程控制器的应用

可编程控制器近年来不断地发展和完善，目前已广泛应用于机械制造、石化、冶炼、电

力、轻纺、汽车、交通及各种机电产品的生产中，其应用大致分为以下几类。

（1）顺序控制和时序控制。这是可编程控制器最早的一种应用方式，也是应用最广的领域，目前已经取代了继电器在顺序控制系统中的主导地位，如各种生产、装配、包装流水线的控制，化工工艺过程的控制，印刷机械、食品加工、交通运输及电梯的控制等。

（2）闭环过程控制。可编程控制器有各种软件及硬件模块，可方便地对工业生产过程中的温度、压力、流量、物位、成分等模拟量进行巡回检测及闭环控制。PLC 通过采用 PID 控制方式，可达到最佳控制品质。

（3）用于多级分布和集散控制系统。可编程控制器具有较强的数据处理及通信功能，易于进行 PLC 与 PLC 之间、PLC 与计算机之间的通信，实现控制网络的各个工作站之间、上位机和下位机的通信，因此广泛应用于多级分布控制和分散控制集中管理的集散控制系统中。

（4）用于机械加工设备及机器人的控制。PLC 数据处理速度的不断提高及编程专用软件包的开发，使 PLC 广泛用于机械加工行业。另外，随着小型机 PLC 的发展，使得 PLC 已广泛应用于机械设备和各种机器人的控制领域。

2. 可编程控制器的生产厂家

自 20 世纪 60 年代末，美国的通用汽车公司首先研制和使用了可编程控制器以后，世界各国都相继开发了自己的 PLC 产品，在一些发达国家，新的 PLC 生产厂家不断涌现，新的品种层出不穷。下面简单介绍国外较著名的 PLC 生产厂家及其产品。

（1）美国生产 PLC 的厂商。

① 美国罗克韦尔（ROCKWELL）公司。PLC 是罗克韦尔公司的重要产品，包括适应单机和小型控制系统的 SLC-500 型 PLC，以及适应大型控制系统的 PLC-5 型机，其指令丰富，除了具有一般的逻辑指令外，还具有 log10、10、sinx、cosx、loge 及倒数、平均值与标准偏差等高级算术运算功能和 PID 运算功能等。

② 美国通用电气（GENERAL ELECTRIC）公司，简称 GE 公司。通用电气公司是世界上生产 PLC 最早的厂商之一，其主要的产品是 GE 系列 PLC。GE-FANAC 公司为 GE 公司和日本法南克（FANAC）合资的公司，其 90-70 系列 PLC 为超大型机，90-30 系列 PLC 为中型机，90-20 系列 PLC 为小型机。

③ 美国德州仪器（TEXAS INTRUMENTS）公司，简称 TI 公司。该公司的主要产品有 TI 系列，小型机有 TI 510、520 和 TI 315、325、330 等；中型机有 TI 425、435、530 和 5TI 等；大型机有 TI 560、565 等。TI 565 的 I/O 点数可达 8 192 点，PID 控制回路可达 64 路，能完成相当复杂的生产控制和数据采集工作。

④ 美国西屋（WESTING HOUSE）公司。该公司生产的主要产品是 Numa-Logic 系列 PLC。

⑤ 美国歌德（GOUID MODICON）公司，简称 GM 公司。该公司主要生产 MICRO 系列 PLC 产品。

（2）德国生产 PLC 的主要厂商。

① 西门子（SIEMENS）公司。西门子公司生产 S 系列的 PLC，其中小型机有 S5-95U、S5-100U；中型机有 S5-115U；大型机有 S5-135U、S5-155U。其最大的开关量 I/O 点数为 6144 点，模拟量 I/O 通道数为 384 路。1995 年推出了性价比很高的 S7-200、S7-300 系列

PLC，1996 年推出了 S7-400 系列 PLC、自带人机界面的 C7 系列 PLC、与 AT 计算机兼容的 M7 系列 PLC 等多种新产品。

② 施耐德自动化公司。德国奔驰集团下的 AEG 公司在 20 世纪 90 年代初全资收购了莫狄康（Modicon）公司，现在称为 AEG 施耐德自动化公司。AEG 施耐德自动化公司在北美市场所占份额居第二位，也是最早进入中国市场的国外商家之一。它的产品主要有 Modicon TSX 系列 Nano、Neza 和 Micro；84 系列，包括 0085、0185、M84、184、484、884 等。

（3）法国生产 PLC 的厂商主要有 TE（Telemecanique）公司。

（4）日本生产 PLC 的主要厂商。

① 三菱（MITSUBISHI）公司。FX_{2N} 型 PLC 是三菱公司的单元式小型产品。AnS、A 系列是模块式大型 PLC，其 I/O 点数最多可达 4096 点，最大用户程序存储容量可达 120K 步，具有多模拟量系统的 PID 回路控制功能。Q 系列是在 A 系列的基础上研发出的大型 PLC 产品，其最大用户程序存储容量可达 252KB，允许多个 CPU 模块在同一基板上安装使用，Q 系列 PLC 的特殊过程控制 CPU 模块与高分辨率模拟量 I/O 模块，可以满足各种过程控制的需要。另外，Q 系列 PLC 有冗余 CPU、冗余通信模块及冗余电源模块，可以构成一直连续工作、不停机的冗余系统。

② 立石（OMRON，欧姆龙）公司。该公司主要生产 SYSMAC C 系列大、中、小型 PLC。其高档机 C2000H 可控制 2048 个 I/O 点，存储容量为 32KB，基本指令执行时间为 $0.4 \sim 2.4\mu s$，可组成双机系统（一个处于运行状态，另一个处在"热备"状态），具有运算、显示、通信等功能，还能实现中断控制、过程控制、远程控制，以及与上位机或下位机进行数据通信和控制等。

③ 日立（HITACHI）公司。该公司生产的 EM 系列 PLC 均采用模块式结构，由电源、CPU、若干 I/O 模块及与安装这些模块相适应的框架组合而成。其 I/O 点数为 24～320 点，配置灵活，且可以节省安装面积。

④ 日本生产 PLC 的厂商还有东芝公司（EX 及 E-PLUS 系列 PLC）、富士电机公司（NB、NJ、NS 系列 PLC）和松下公司（EP 系列 PLC）等。

以上是美、德、法、日等国部分 PLC 生产厂商及产品的简单介绍，仅供参考。

3. 可编程控制器的发展

PLC 自问世以来，经过 40 多年的发展，已成为很多发达国家的重要产业，PLC 在国际市场已成为最受欢迎的工业控制产品。随着科学技术的发展及市场需求量的增加，PLC 的结构和功能在不断地改进，生产厂家不停地将功能更强的 PLC 推入市场，平均 3～5 年就更新一次。PLC 的发展方向主要有以下几个方面。

（1）向体积更小、速度更快的方向发展。虽然现在小型 PLC 的体积已经很小，但是微电子技术及电子电路装配工艺的不断改进，会使 PLC 的体积变得更小，以便于嵌入到任何小型的机器和设备之中，同时 PLC 的执行速度也越来越快，目前大型 PLC 的程序执行速度可高达 34ns，从而保证了控制作用的实时性，可使系统的控制作用更加及时、准确。

（2）向大型化、高可靠性、好的兼容性、多功能方向发展。现在的大型 PLC 向着容量更大、智能化程度更高和通信功能更强的方向发展。例如，I/O 点数可达 14336，32 位微处理器，多 CPU 并行工作，大容量存储器，扫描速度高速化等。三菱公司的 AnA 系列可编程控制器使用了世界上第一个在一块芯片上实现 PLC 全部功能的 32 位微处理器，即顺序控制专用芯片，其扫描一条基本指令的时间为 $0.15\mu s$。松下公司的 FP10SH 系列 PLC 采用 32 位 5 级流水线 RISC 结构的 CPU，可以同时处理 5 条指令，顺序指令的执行速度高达 $0.04\mu s$，高级功能指令的执行速度也有很大的提高。在有两个通信接口、256 个 I/O 点的情况下，FP10SH 系列 PLC 的扫描时间为 $0.27\sim0.42ms$，大大提高了程序处理的速度。

在模拟量的控制方面，除了专门用于模拟量闭环控制的 PID 模块外，随着模糊控制技术的发展，具有模拟量的模糊控制、自适应和参数自整定功能的可编程控制器，可使系统的调试时间缩短，控制精度进一步得到提高。

（3）与其他工业控制产品的结合。在大型自动控制系统中，计算机和 PLC 在应用功能方面互相融合、互补、渗透，使控制系统的性价比不断提高。目前工业控制系统的趋势是采用开放式的应用平台，即网络、操作系统、监视及显示均采用国际标准或工业标准，如操作系统采用 UNIX、MS-DOS、Windows、OS2 等，这样可实现不同厂家的 PLC 产品可以在同一个网络中运行。

目前，个人计算机主要用做 PLC 的编程器、操作站或人机接口终端。美国 AB 公司的 Controlview 软件，支持 Windows NT，能以彩色图形动态模拟生产过程的运行情况，允许用户用 C 语言开发程序。AB 公司与 DEC 公司联合研发，将 PLC 和工业控制计算机有机地结合在一起，研制出一种新型的 IPLC 型可编程控制器（集成 PLC），IPLC 具有同计算机一样强大的数据处理能力，使现场的生产数据、生产计划调度与管理可以直接上机操作获取。

1.1.4　可编程控制器的分类及性能指标

1. 可编程控制器的分类

（1）根据生产厂家的产品类型、系列分类。可编程控制器的生产厂家很多，但主要分为欧、美、日三大块。在中国市场上，欧洲最具代表性的是西门子公司的产品，美国的代表产品是 AB 与 GE 公司的产品，日本的代表产品是三菱、欧姆龙公司的产品。

（2）根据 PLC 的 I/O 点数和存储器容量分类。按照 PLC I/O 点数、存储器容量的不同，PLC 大体上可以分为大、中、小和微型机共四个等级。微型机的 I/O 点数在 100 点左右。小型 PLC 的 I/O 点数在 256 点左右，用户程序存储器容量为 2K 字以下（1K=1024，存储一个 1 或 0 的二进制码称为一位，一个字为 16 位）。有的 PLC 用"步"来衡量，一步占用一个地址单元，它表示 PLC 能存放多少用户程序。中型 PLC 的 I/O 点数在 500～1000 之间，用户程序存储器容量一般为 2～8K 字。大型 PLC 的 I/O 点数在 1000 点以上，用户程序存储器容量达 8K 字以上。

（3）按照结构形式分类。PLC 按照结构形式不同可分为整体式和模块式两种。

① 整体式（箱体式）结构的 PLC。这种结构的 PLC 是将电源、中央处理器、输入/输出部件集中配置在一起，有的甚至全部安装在一块印制电路板上，装在一个箱体内，通常称为主机（或基本单元）。例如，三菱公司的 FX_{0N}、FX_{2N} 系列 PLC，整体结构紧凑、体积小、质量轻、价格低，但整体式 PLC 的 I/O 点数固定，使用不灵活，小型 PLC 常采用这种结构。

② 模块式（积木式）结构的 PLC。这种结构的 PLC 是将 PLC 的各个部分以模块的形式分开，如电源模块（选项）、CPU 模块、输入模块、输出模块，把这些模块插入机架底板，

组装在一个机架内。这种结构配置灵活，装配方便，便于扩展，一般中型和大型 PLC 常采用这种结构，如三菱公司的 A 系列 PLC。

（4）按照 PLC 功能的强弱分类。按照 PLC 功能的强弱，可以大致分为低档机、中档机、高档机三种。低档 PLC 具有逻辑运算、定时、计数等基本功能，有的还增设了模拟量的处理、算术运算、数据传送等功能，可以实现逻辑、顺序、定时、计数等控制。中档 PLC 除了具有低档机的功能外，还具有较强的模拟量输入/输出、算术运算、数据传送、通信联网等功能，可完成既有开关量又有模拟量的控制任务。高档 PLC 除具有中档机的功能外，还增设了带符号算术运算、矩阵运算等功能，使其运算能力更强。高档机还具有模拟调节、联网通信、监视、记录和打印等功能，使 PLC 的功能更多更强，能进行远程控制和过程控制，构成集散控制系统。

2. 可编程控制器的主要性能指标

（1）I/O 点数。I/O 点数是指 PLC 的外部输入、输出端子数。PLC 的输入、输出信号有开关量和模拟量两种，对于开关量用最大的 I/O 点数表示，而对于模拟量则用最大的 I/O 通道数表示。

（2）PLC 内部继电器的种类和点数。内部继电器是指 PLC 内部的编程软元件，它包括辅助继电器、特殊辅助继电器、定时器、计数器和步状态继电器等。

（3）用户程序存储量。PLC 的用户程序存储器用于存储通过编程器编入的用户程序。通常用 K 字（KW）、K 字节（KB）、K 位（Kb）来表示。

（4）扫描时间。扫描时间是指 PLC 执行一次解读用户逻辑程序所需的时间，一般情况下用一个粗略指标表示，即用每执行 1000 条指令所需的时间来估算，通常为 10ms 左右，小型机可能大于 20ms。也有用 ms/K 为单位表示的，如 20ms/K 字表示扫描 1K 字的用户程序需要的时间为 20ms。

（5）编程语言及指令功能。PLC 常用的编程语言有梯形图语言、助记符语言、流程图语言及某些高级语言等，目前使用最多的是前两种，不同的 PLC 具有不同的编程语言。PLC 的指令可分为基本指令和扩展指令，基本指令是各种类型的 PLC 都有的，主要是逻辑指令，而不同厂家、不同型号的 PLC 其指令扩展的深度是不同的。

（6）工作环境。一般 PLC 的工作温度为 0～55℃，最高为 60℃，相对湿度为 5%～95%，空气条件是周围不能混有可燃性、易爆性和腐蚀性气体。

（7）可扩展性。小型 PLC 的基本单元（主机）多为开关量的 I/O 接口，各个生产厂家在 PLC 基本单元的基础上，发展了多种智能扩展模块，如模拟量处理模块、高速处理模块、温度控制模块和通信模块等，这些智能扩展模块可反映出 PLC 产品的功能。

1.2　可编程控制器的构成及工作原理

1.2.1　可编程控制器的基本组成

可编程控制器主要由中央处理单元（CPU）、存储器（RAM、ROM）、输入/输出单元（I/O）、电源和编程设备等组成，如图 1.1 所示，图中虚线框内为 PLC 的基本单元。

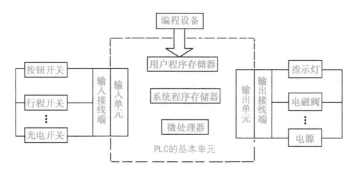

图 1.1 可编程控制器的组成

1. 中央处理单元

中央处理单元是 PLC 的核心，它主要采用以下 3 种类型的 CPU 芯片：通用微处理器（如 Intel 公司的 80286、80386 到 Pentium 系列芯片等）、单片机芯片（如 Intel 公司的 8051、8096 系列等）及位片式微处理器（如 AM2900、AM2901、AM2903 等），也有厂家采用自行设计的专用 CPU 芯片。

一般小型 PLC 的 CPU 多采用单片机或专用 CPU，大型 PLC 多采用位片式结构。PLC 的档次越高，CPU 的位数越多，系统处理的信息量就越大，运算的速度就越快，指令功能也就越强。

2. 存储器

PLC 内部配有两种存储器：系统程序存储器和用户程序存储器。系统程序存储器用于存放 PLC 内部系统的管理程序；用户程序存储器用于存放用户编制的控制程序。PLC 采用 COMS-RAM 存储器或采用 EPROM 及 EEPROM 存储器。EEPROM 是电可擦除存储器，用于存放用户程序，使用 EEPROM 无须电池就能实现掉电保护。

用户程序存储器的容量一般以字为单位，三菱公司的 FX 系列 PLC 的用户程序存储器以步为单位（每步占 2 个字）。小型 PLC 的用户程序存储器的容量一般是固定的，大、中型 PLC 的用户程序存储器的容量可以由用户选择。

3. 输入/输出单元

由于生产过程中的信号是多种多样的，控制系统所要配置的执行机构也是多种类型的，而 PLC 的 CPU 所处理的信号只能是标准电平，为了使 PLC 能直接用于控制系统，设计有各种类型的 I/O 单元。I/O 单元是 PLC 与工业控制现场各类信号连接的接口部件，对于模拟量的控制，PLC 采用的是模拟量的 I/O 模块。输入单元还具有信号的电隔离、滤波等作用，PLC 有了 I/O 单元就可以将各种开关、按钮及传感器等直接接到 PLC 的输入端，也可以将各种执行机构（如电磁阀、继电器、接触器、调节阀、调速器等）直接接到 PLC 的输出端，它们可以是用直流、交流或高电压、低电压开关量信号驱动的机构，也可以是用模拟量驱动的机构。

4. 电源

PLC 的供电电源一般为市电，也有用 24V 电压供电的。PLC 对电源的稳定性要求不高，一般允许电源在电压额定值−15%～10%的范围内波动。CPU 单元和 I/O 单元由 PLC 内部的稳压电源供电，小型的 PLC 其电源和 CPU 单元是一体的，大、中型的 PLC 都有专门的电源单元。有些 PLC 的电源部分还有 24V/DC 输出，用于对外部传感器供电，但电流是毫安级的。

5. 编程设备

编程设备是 PLC 最重要的外部设备。编程设备具有程序的输入、检查及修改功能，同时利用编程设备还可以对用户程序的执行过程进行监控。

专用编程设备有手持编程器和台式编程器两种。手持编程器有简单的操作键及小面积的液晶显示屏，可以完成用户程序的输入、编辑、检索等功能，可以在线进行用户程序监控及故障检测，是现场使用的好工具，但由于体积小，其显示内容受限。台式编程器是一个装有全部所需软件的工业现场便携式计算机，程序编辑、管理的功能极强，可以把它挂在可编程控制器网络上，对网络上各站进行监控、调试和管理。另外，在实验及科研场所广泛使用的是采用编程软件在计算机上编程。

1.2.2 可编程控制器的编程语言

1. 可编程控制器的编程方式

（1）在线（联机）编程方式。将编程器与可编程控制器采用专用电缆及插座直接相连，可以将用户程序直接写入到 PLC 的用户程序存储器中，也可以将程序先存在编程器的存储器中，然后再转入 PLC 的用户程序存储器中。联机编程方式有利于程序的调试和修改，并可以监视 PLC 内部器件（如定时器、计数器、触点等）的工作状态。例如，对 PLC 的内部器件实施强迫接通/断开、置位/复位命令，以及监控器件的功能是否正常等。

（2）离线（脱机）编程方式。在编程器与 PLC 处于脱机的状态下，将程序写入并存放在编程器的存储器中，编程结束后再与 PLC 联机，将程序送到 PLC 的用户程序存储器中。脱机编程不影响 PLC 的工作。

2. 可编程控制器的常用编程语言

目前 PLC 在编程语言方面的兼容性较差，不同厂家的 PLC 其编程语言是不同的，而同一厂家不同系列的 PLC，其编程语言及规定也有差异。PLC 常用的编程语言如下所述。

（1）梯形图。梯形图语言形象直观，逻辑关系明显、实用，电气技术人员容易接受，是目前使用最多的一种 PLC 编程语言，梯形图如图 1.2 所示。

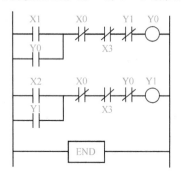

图 1.2 梯形图

① 编程软元件。梯形图中的输入、输出继电器和辅助寄存器等都不是物理元件，它们是 PLC 内部存储器中的某个单元，也称"位"，所以这些非物理继电器是编程用的软元件。当存储器中的某位为 1 时，表示相应的继电器线圈得电或者是相应的动合触点闭合、动断触点断开。编程软元件分为位元件和字元件，位元件为存储器中的一位，只能存放一位数据（0 或 1）。将存储器的多个单元一起使用，用于存放多位数据，称为字元件。

② 梯形图是形象化的编程语言。梯形图左右两端的母线是不接任何电源的，所以梯形图中没有任何物理电流流过，但读图时，可以假设有一个电流流过。当图 1.2 中的输入信号 X1 为 ON 时，线圈 Y0 得电（该线圈所带的动合触点闭合，动断触点断开），这个电流是一个概念电流，或称为假想电流。分析时可认为左母线是电源的正极，右母线是电源的负极，所以概念电流从左向右流动，

梯形图逻辑执行的顺序是从左到右，从上到下。概念电流是执行程序时满足输出执行条件的形象理解。

③ 梯形图的梯级。梯形图可以由多个梯级组成，每个梯级有一个或多个支路，由一个输出元件（运算结果）构成，最右边的元件必须是输出元件。一个梯形图梯级的多少取决于控制系统的控制要求，但一个完整的梯形图至少应有两个梯级（含 END 语句）。

（2）指令语句表。这种编程语言是一种和计算机汇编语言类似的助记符语言形式，它由一系列操作指令组成的语句表将控制流程描述出来，并通过编程器送到 PLC 中。

① 指令语句表是由若干条语句组成的程序，语句是程序的最小独立单元，每个操作功能由一条或几条语句来执行。

② 指令语句一般由操作码和操作数两部分组成。操作码用助记符表示，操作码表示 PLC 要完成的操作，如指令语句 LD X0 及 OUT T0 K10 中的 LD、OUT，分别表示 PLC 要执行的操作是取数据和线圈驱动。操作数一般由标识符和参数组成，标识符表示操作数的类型，如 X0、T0，分别表示操作数的类别是输入继电器和定时器，K10 为参数，表示定时器的设定值。

（3）顺序功能图。顺序功能图是一种图形说明语言，用于表示顺序控制的功能。目前，不同的 PLC 生产厂家对这种编程语言所用的符号和名称是不一样的，三菱公司称其为功能图语言。如图 1.3 所示为一个顺序功能图的编程示例。采用功能图对顺序控制系统编程非常方便，同时也很直观，在功能图中用户可以根据顺序控制步骤执行条件的变化，分析程序的执行过程，可以清楚地看到在程序执行过程中每一步的状态，便于程序的设计和调试。

（4）逻辑图。逻辑图编程语言是一种类似于数字逻辑门电路的编程语言。如图 1.4 所示为一个"或、与、非"操作的逻辑图编程示例。它用雷同与门、或门的方框表示逻辑运算关系，图的左侧表示逻辑运算的输入信号，右侧为输出变量，信号从左侧向右侧流动。现在不同的 PLC 生产厂家对这种编程语言所用的符号和名称也是不一样的，西门子公司称其为控制系统流程图。

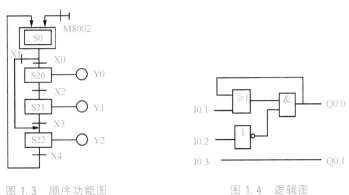

图 1.3 顺序功能图　　　　图 1.4 逻辑图

1.2.3 可编程控制器的工作原理

1. 循环扫描工作方式

PLC 在通电后，执行用户程序是它的主要工作，除此之外，还要完成一些辅助的工作，因此 PLC 实际上是按照分时操作进行工作的，此工作过程称为循环扫描工作方式，如图 1.5 所示。

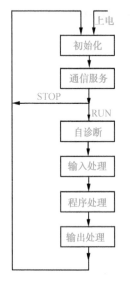

图 1.5　PLC 循环扫描工作过程

在 PLC 执行用户程序之前，完成的辅助工作有初始化和通信服务。初始化工作包括硬件初始化、I/O 模块配置检查、停电保持范围设定及其他初始化。

可编程控制器的输入端子不是直接与主机相连的，其输入/输出信号都首先存在输入/输出暂存器中，PLC 的 CPU 对输入/输出状态的询问是针对输入/输出暂存器的，因此在开机时，CPU 首先使输入暂存器清零，更新编程器的显示内容，更新时钟和特殊辅助继电器内容等。在通信服务阶段，PLC 要完成数据的接收和发送任务、响应编程器的输入命令、更新显示内容等。

2. PLC 执行用户程序的工作过程

当 PLC 的工作方式开关置于 STOP 状态时，只完成初始化处理和通信服务任务，当置于 RUN 状态时，除了完成初始化和通信任务外，还要执行用户程序。执行用户程序的工作过程分为以下 4 个阶段。

（1）第一阶段：自诊断阶段。PLC 具有很强的自诊断功能，在自诊断阶段，PLC 要检查 CPU 模块及其他内部硬件工作是否正常，当确认硬件工作正常后，进入下一工作阶段。

（2）第二阶段：输入信号处理阶段。在输入信号处理阶段，CPU 对输入端进行扫描，将获得的输入端子的信号送到输入暂存器存放。在同一扫描周期内，输入端的信号在输入暂存器中一直保持不变，不会受到输入端子信号变化的影响，因此不会造成运算结果的混乱，保证了本周期内用户程序的正确执行。

（3）第三阶段：程序处理阶段。当输入端子的信号全部进入输入暂存器后，CPU 工作进入到第三个阶段。在这个阶段，PLC 进行用户程序处理，它对用户程序从上到下（从第 000 句到结束语句）依次扫描，并根据输入暂存器的输入信号和有关指令进行运算和处理，最后将结果写入输出暂存器中。

（4）第四阶段：输出处理阶段。这个阶段 CPU 对用户程序的扫描已处理完毕，并将输出信号从输出暂存器中取出，通过输出锁存电路驱动 PLC 的外部负载，即控制执行元件动作，然后，CPU 又返回执行下一个循环的扫描周期。

以上是 PLC 扫描的工作过程，只要 PLC 处在 RUN 状态，它就反复地循环工作。PLC 的扫描周期就是 PLC 的一个完整工作周期，即从读入输入状态到发出输出信号所用的时间，它与程序的步数、时钟频率及所用指令的执行时间有关。一般输入采样和输出刷新只需要 1～2ms，所以扫描时间主要由用户程序执行的时间决定。

3. PLC 循环扫描工作的特点

（1）定时集中采样。PLC 对输入端子的扫描只是在输入处理阶段进行。当 CPU 进入程序处理阶段后，输入端被封锁，直到下一个扫描周期的输入处理阶段才对输入状态端进行新的扫描。这种定时集中采样的工作方式保证了 CPU 执行程序时和输入端子隔离断开，输入端信号的变化不会影响 CPU 的工作，即切断了由输入端引入干扰的通路。

（2）集中输出。PLC 的输出数据由输出暂存器送到输出锁存器，再经输出锁存器送至输出端子。PLC 在一个工作周期内，其输出暂存器中的数据跟随输出指令执行的结果而变化，而输出锁存器中的数据一直保持不变，直到第四阶段才对输出锁存器的数据进行刷新，控制负载执行程序运算结果，即集中输出的方式。

由于具有定时集中采样和集中输出的循环扫描工作特点，使 PLC 在处理程序阶段，其内部电路始终和输入端、输出端保持隔离（断开状态），从而保证了 PLC 的抗干扰能力，提高了 PLC 工作的可靠性。

4. 可编程控制器执行用户程序的过程

PLC 执行用户程序的过程如图 1.6 所示。当 PLC 处于 RUN 状态时，在初始化之后，CPU 对输入端进行扫描，将输入数据存入输入暂存器，此时，PLC 内部程序计数器的内容为 0000，它指出了用户的第一条指令为 "LD X0"，CPU 将这条指令存入指令寄存器，译成机器语言后执行取数据操作，即 CPU 将输入暂存器中 X0 单元的内容取出后存入结果寄存器。这个动作完成后，程序计数器自动加 1，CPU 再将第二条指令 "AND X1" 存入指令寄存器，译成机器语言后执行 "与" 操作，即将结果寄存器的内容和输入暂存器 X1 单元的内容相 "与" 后，存入结果寄存器。当 CPU 完成后，程序计数器又自动加 1，CPU 将 "OUT Y0" 指令存入指令寄存器，……，执行将结果寄存器的内容送到输出暂存器 Y0 单元，……，CPU 一直执行到程序的最后一条语句，才将输出暂存器中的内容送到输出锁存器，对输出信号进行刷新，然后程序计数器自动变为 0000，又开始新一次自动执行程序的过程。

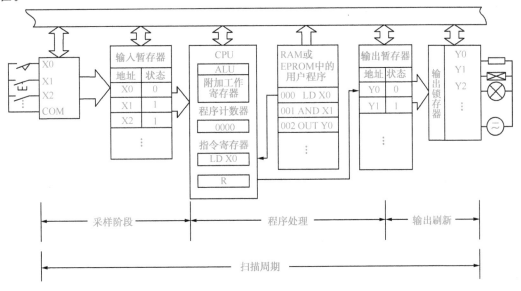

图 1.6 PLC 执行用户程序的过程

需要强调的是，PLC 在执行用户程序时，所取的输入数据是在扫描周期的输入信号处理阶段存入输入暂存器中的数据，并不是直接从现场传感器获得的信号，所以 PLC 在执行用户程序的过程中，输入端的变化对程序的执行不起作用。对于 PLC 的输出，在用户程序中如果对其多次赋值，则最后一次为有效。

1.3 可编程控制器的开关量 I／O 单元

1.3.1 开关量的 I／O 单元

PLC 利用 I/O 单元（接口电路）可以直接和外部设备相连接。开关量 I/O 接口电路的作用包括信号的滤波及转换、光电隔离、输入/输出指示等。

1. 直流开关信号输入单元

当 PLC 需要接入直流电压开关信号时，要配接直流开关信号输入单元。直流开关信号输入电路的电压允许范围是 12～24V，分为 8 点和 16 点两种，16 点只允许使用 24V 电压。直流信号输入接口电路由二极管 VD_1、光电耦合器及 LED 输入指示灯 VD_2 组成，如图 1.7 所示。VD_1 用于防止误将反极性输入信号接入，R_2 为 1.5k Ω，R_1 为 150 Ω，R_2 和 R_1 电阻构成分压电路。图 1.7 （a）所示的开关量输入接口电路采用用户电源，图 1.7 （b）所示的输入接口电路采用 PLC 内部电源。

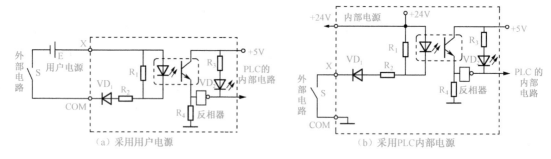

图 1.7 直流开关信号输入单元

2. 交/直流开关信号输入单元

交/直流开关信号的输入单元如图 1.8 所示，它和直流开关信号输入单元类似，所不同的是它不仅能用于接入直流开关信号，也可以用于接入交流开关信号。若作为直流开关输入接口电路，则电路可以接入 80～150V DC 的电压，若作为交流开关信号输入接口电路，电路可以接入 97～132V AC、50～60Hz 的电压。电路中 R_1 和 R_2 构成分压电路，电容 C 为抗干扰电容，R_3 为限流电阻，光电隔离器起到隔离及耦合的双重作用。

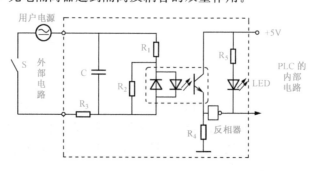

图 1.8 交/直流开关信号输入单元

3. 开关量的输出单元

利用开关量输出电路可以将 PLC 内部电路输出的电平，转换成能直接驱动 PLC 外部负载的信号。开关量的输出单元分为继电器输出单元、晶体管输出单元及晶闸管输出单元。

（1）继电器输出单元。如图 1.9 所示，继电器输出接口电路通过继电器触点控制负载回路中用户电源的通断。继电器触点的状态对应于 PLC 程序中输出继电器的状态，假设 PLC 执行程序的结果为高电平，则需要驱动外部负载，来自 PLC 内部的高电平经反相器变为低电平，使输出端上的 LED 指示灯点亮，表示该端口输出高电平，与此同时继电器线圈通电，其触点闭合，PLC 的外部负载与用户电源接通。该接口电路在使用时必须要外接电源。继电器输出接口电路具有适用于交、直流负载且带负载能力强等优点，缺点是动作及响应速度相对较慢。

（2）晶体管输出单元。晶体管输出单元通过控制晶体管 VT 的导通与截止，从而实现控制负载电源（用户电源）的接通与断开。晶体管输出单元如图 1.10 所示。图中，晶体管 VT 为开关器件，晶体管开关的状态由用户程序决定，若 PLC 执行程序的结果为高电平，经过反相器变为低电平，使 LED 指示灯点亮，与此同时光电耦合器控制晶体管 VT 饱和导通，使负载接通用户电源。反之，若程序执行的结果为低电平，经过反相器变为高电平，LED 指示灯熄灭，晶体管 VT 截止且切断负载电源。VD 为晶体管的极间保护二极管。晶体管输出单元具有动作频率高、响应速度快的特点，其缺点是只能接直流负载且带负载能力较差。

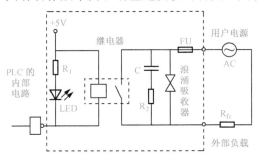

图 1.9　继电器输出单元　　　　　　　　　　图 1.10　晶体管输出单元

（3）晶闸管输出单元。晶闸管输出单元如图 1.11 所示，电路中采用双向晶闸管作为开关器件。PLC 的用户程序控制晶闸管的控制极，双向晶闸管可实现将用户交流电源接入负载，图中的 R_3、C 为高频滤波电路，浪涌电流吸收器起到限幅作用，可以减小噪声干扰的影响。晶闸管输出单元适用于交流负载，具有响应速度快且带负载能力强的特点。

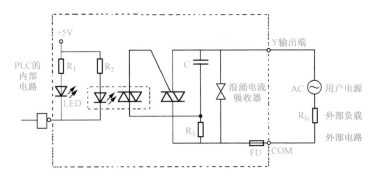

图 1.11　晶闸管输出单元

以上所述的 PLC 的输出单元均为一个输出点的输出电路，其他各个输出点所对应的输出电路均相同。

1.3.2 开关量 I/O 单元的接线方式

1. 输入接线方式

按 PLC 的输入单元与用户设备接线方式的形式不同可分为汇点式输入接线和分隔式输入接线两种基本形式，如图 1.12 所示。

汇点式输入接线是指输入回路有一个公共端（汇集端）COM，它可以是全部输入点为一组，并共用一个公共端和一个电源，如图 1.12（a）所示的直流输入单元，其直流电源由 PLC 内部提供。汇点式输入接线方式也可以采用将全部输入点分为 N 组，每组有一个公共端和一个单独的电源，如图 1.12（b）所示。汇点式输入接线方式可以用于直流，也可以用于交流输入单元，交流输入单元的电源由用户提供。

分隔式输入接线方式如图 1.12（c）所示，它是将每个输入点单独用各自的电源接入输入单元，在输入端没有公共的汇点，每个输入器件是隔离的。

2. 输出接线方式

根据输出单元与外部用户输出设备的接线形式不同，输出接线方式可分为汇点式输出接线和分隔式输出接线两种基本形式，如图 1.12（d）所示。可以把全部输出点汇集成一组并共用一个公共端 COM 和一个电源；也可以将所有的输出点分成 N 组，每组有一个公共端 COM 和一个单独的电源。这两种形式的电源均由用户提供，可根据实际负载确定选用直流或交流电源。

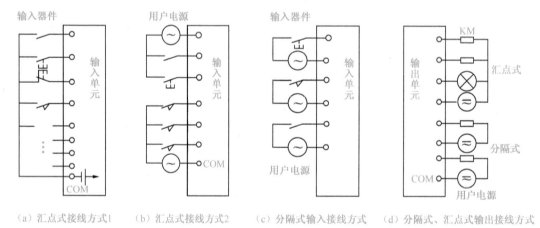

图 1.12　输入/输出接线方式

3. 开关量输入单元的接线方式说明

PLC 的输入端用于连接按钮开关及各类传感器。这些器件的功率消耗都很小，一般可以采用 PLC 内部电源为其供电，也可以由外部设备供电。图 1.13 所示为 FX 系列 PLC 的输入/输出端开关量信号的接线图，PLC 开关量输入端的接线说明如下所述。

（1）图中"•"表示空端子，勿接线。

（2）如图 1.13（a）所示，PLC 输入端的 X0～X3 采用汇点式接线方式。

（3）图 1.13（b）中的 X0 和 X1 接入传感器信号，其中 X0 端的传感器采用 PLC 内部的 24V DC 工作电源供电，X1 端的传感器采用外部电源为其供电。

（4）COM 端一般为机内电源的负极。当输入端接入的器件不是无源触点，而是某些传感器输出的电信号时，要注意传感器信号的极性，选择正确的电流方向接入电路。

（5）对于在控制中不可能同时工作的开关信号，可以用一个输入端口接入，如图 1.13（a）中位置开关 SQ 的连接方法，这样可以节约 PLC 的输入端口。

（6）PLC 输入端标记为 L 和 N 的端子，用于连接工频电源 100～240V AC，它是 PLC 的外接供电电源端。

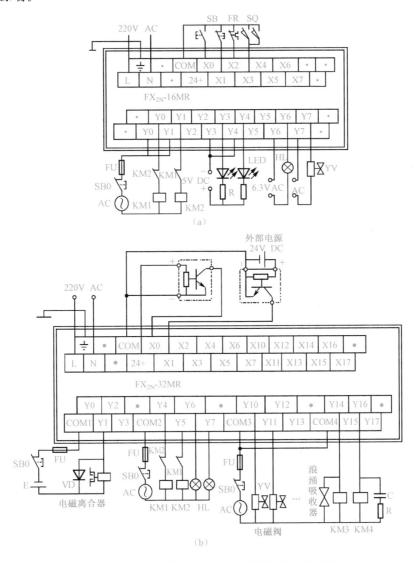

图 1.13　PLC 的输入/输出端开关量信号的接线图

4. 开关量输出端口（继电器输出）的接线方式说明

FX 系列 PLC（继电器输出型）输出端负载的连接图如图 1.13 所示，输出端的接线说明如下所述。

（1）图中"·"表示空端子，勿接线。

（2）由于 PLC 输出电路中未接熔断器，因此每 4 点应使用一个 5～15A 的熔断器 FU，用于防止因短路等原因造成 PLC 损坏。

（3）在直流感性负载的两端并联一个二极管 VD，用以延长触点的使用寿命，也可以并接 RC 放电支路。

（4）对于驱动电动机正/反转的接触器 KM1、KM2，在 PLC 的程序中采用软件互锁的同时，在 PLC 的外部也应采取硬件互锁措施。

（5）使用 PLC 的外部开关 SB_0 切断负载，用于实现紧急停车。

（6）在交流感性负载两端并联一个浪涌吸收器，用于降低噪声。

（7）输出端连接 LED 发光二极管时，要根据外接电源电压的大小接入合适的限流电阻 R。

（8）PLC 的负载有两种连接方式。图 1.13（b）中的 Y1 负载单独和 COM1 端连接称为分隔式连接方式，如果负载需要采用不同的电源，则要采用分隔式的接线方式，如图 1.13（a）中的 Y6 和 Y7。若几个负载可以同时供电，则可采用汇点式连接方式，如图 1.13（b）中的 Y4、Y5、Y6、Y7 和 Y10、Y11、Y14、Y16 的连接形式。

习 题 1

1.1　简述可编程控制器的定义。

1.2　可编程控制器主要应用于哪些领域？

1.3　可编程控制器的基本单元由哪些部分组成？各组成部分的作用是什么？

1.4　简述可编程控制器的功能和特点。

1.5　简述 PLC 循环扫描的工作过程及特点。

1.6　PLC 开关量 I/O 单元的种类有哪些？

1.7　梯形图和继电器电路图有哪些异同点？

1.8　可编程控制器有哪些主要的性能指标？

1.9　什么是可编程控制器的 I/O 点数？说明 I/O 点数的用途。

1.10　什么是扫描速度？试分析扫描速度和 PLC 输入信号变化速度之间的关系。

1.11　总结 PLC 输入/输出端开关量的接线方式。

1.12　PLC 的开关量 I/O 单元和外部器件、设备连接时应注意哪些事项？

第2章 FX 系列 PLC 的基本指令及编程方法

☐ **本章要点**

　1. FX 系列 PLC 的内部系统配置。

　2. 基本逻辑指令的操作功能及编程方法。

2.1　FX 系列 PLC 的内部系统配置

　　可编程控制器的内部有许多不同功能的器件，从而实现 PLC 的控制功能，如输入/输出继电器、辅助继电器、定时器、计数器等，这些器件是由电子电路和存储器组成的，这里将其统称为 PLC 的内部系统配置，即开发商为 PLC 用户提供的编程用软继电器。各种软继电器具有不同的功能，每个软继电器都有各自的编号，其编号由 PLC 的机型决定，不同厂家、不同系列的 PLC 其编号是不同的，编程时要查阅 PLC 的使用说明书。本节以 FX_{2N} 系列为例介绍 PLC 的内部系统配置。

2.1.1　FX_{2N} 系列 PLC 的命名方式

　　FX_{2N} 系列 PLC 采用一体化的箱体式结构，所有的电路都装在一个箱体内，其体积小，结构紧凑，安装方便。为了实现 I/O 点数的灵活配置及功能的扩展，FX_{2N} 系列 PLC 配有扩展单元、扩展模块和特殊功能模块。

　　扩展单元是用于增加 I/O 点数的装置，其内部有电源电路。扩展模块用于增加 I/O 点数及改变 I/O 比例，其内部无电源电路，需要由 PLC 的基本单元或扩展单元提供电源。因扩展单元和扩展模块内部没有 CPU，故两者必须和 PLC 的基本单元一起使用。

　　特殊功能模块是一些具有专门用途的装置，如模拟量的 I/O 单元、高速计数单元、位置控制单元、通信单元等，这些单元大多数是通过基本单元的扩展接口与基本单元相连接的。某些特殊功能模块是通过 PLC 的编程器接口连接的，还有的通过主机上并接的适配器接入，这些都不影响原系统的扩展。FX_{2N} 系列 PLC 可根据控制系统的需要，仅以基本单元或多种单元组合使用。FX_{2N} 系列 PLC 由基本单元、扩展单元、扩展模块及特殊功能模块共 4 种产品构成。

　　1. FX_{2N} 系列可编程控制器基本单元的规格型号

　　FX_{2N} 系列可编程控制器基本单元的型号说明如下：

FX_{2N}	—	○ ○	M	□	□
系列序号		I/O 总点数	基本单元	输出形式	其他区分

FX$_{2N}$系列可编程控制器基本单元的内部系统配置如表2.1所示。

表2.1　FX$_{2N}$系列PLC基本单元一览表

I/O 总点数	输入点数/输出点数	AC 电源 DC 输入		
		继电器输出	晶闸管输出	晶体管输出
16	8	FX$_{2N}$-16MR-001	—	FX$_{2N}$-16MT-001
32	16	FX$_{2N}$-32MR-001	FX$_{2N}$-32MS-001	FX$_{2N}$-32MT-001
48	24	FX$_{2N}$-48MR-001	FX$_{2N}$-48MS-001	FX$_{2N}$-48MT-001
64	32	FX$_{2N}$-64MR-001	FX$_{2N}$-64MS-001	FX$_{2N}$-64MT-001
80	40	FX$_{2N}$-80MR-001	FX$_{2N}$-80MS-001	FX$_{2N}$-80MT-001
128	64	FX$_{2N}$-128MR-001	—	FX$_{2N}$-128MT-001

2. FX$_{2N}$系列可编程控制器扩展单元的规格型号

FX$_{2N}$系列可编程控制器扩展单元的型号说明如下：

$$\underline{\text{FX}_{2N}} \quad - \quad \underline{\bigcirc\ \bigcirc} \quad \underline{\text{E}} \quad \underline{\square} \quad \underline{\square}$$

系列序号　　　　I/O总点数　　扩展设备　　输出形式　　　其他区分

FX$_{2N}$系列可编程控制器扩展单元的内部系统配置如表2.2所示。

表2.2　FX$_{2N}$系列PLC扩展单元一览表

I/O 总点数	输入点数	输出点数	AC 电源 DC 输入		
			继电器输出	晶闸管输出	晶体管输出
32	16	16	FX$_{2N}$-32ER	—	FX$_{2N}$-32ET
48	24	24	FX$_{2N}$-48ER	—	FX$_{2N}$-48ET

3. FX$_{2N}$系列可编程控制器扩展模块的规格型号

FX$_{2N}$系列可编程控制器扩展模块的型号说明如下：

$$\underline{\text{FX}_{2N}} \quad - \quad \underline{\bigcirc\ \bigcirc} \quad \underline{\text{E}} \quad \underline{\square}$$

系列序号　　　　I/O总点数　　扩展设备　　输出形式

FX$_{2N}$系列可编程控制器扩展模块的内部系统配置如表2.3所示。

表2.3　FX$_{2N}$系列PLC扩展模块一览表

I/O 总点数	输入点数	输出点数	继电器输出	输入	晶体管输出	晶闸管输出	输入电压	连接方式
8（16）	4（8）	4（8）	FX$_{0N}$-8ER	—	—	—	DC 24V	＊
8	8	0	—	FX$_{0N}$-8EX	—	—	DC 24V	＊
8	0	8	FX$_{0N}$-8EYR	—	FX$_{0N}$-8EYT	—	—	＊
16	16	0	—	FX$_{0N}$-16EX	—	—	DC 24V	＊
16	0	16	FX$_{0N}$-16EYR	—	FX$_{0N}$-16EYT	—	—	＊
16	16	0	—	FX$_{2N}$-16EX	—	—	DC 24V	＃
16	0	16	FX$_{2N}$-16EYR	—	FX$_{2N}$-16EYT	FX$_{2N}$-16EYS	—	＃

注：＊为横端子台，＃为纵端子台。

4. FX$_{2N}$系列可编程控制器特殊功能模块的规格型号

FX$_{2N}$系列可编程控制器特殊功能模块型号如表 2.4 所示。

表 2.4　FX$_{2N}$系列 PLC 特殊功能模块型号

区　分	型　号	名　称	占 有 点 数		耗　电
			输　入	输　出	DC 5V
特殊功能板	FX$_{2N}$-8AV-BD	容量适配器		—	20mA
	FX$_{2N}$-422-BC	RS-422 通信板		—	60mA
	FX$_{2N}$-485-BD	RS-485 通信板		—	60mA
	FX$_{2N}$-232-BD	RS-232 通信板		—	20mA
	FX$_{2N}$-CNV-BD	FX$_{0N}$用适配器连接板		—	—
特殊模块	FX$_{0N}$-3A	2CH 模拟输入 1CH 模拟输出	— 8	—	30mA
	FX$_{0N}$-16NT	M-NET/MINI 用（胶合导线）	8	8	20mA
	FX$_{2N}$-4AD	4CH 模拟输入、输出	— 8	—	30mA
	FX$_{2N}$-4DA	4CH 模拟输出	— 8	—	30mA
	FX$_{2N}$-4AD-PT	4CH 温度传感器输入	— 8	—	30mA
	FX$_{2N}$-4AD-TC	4CH 温度传感器输入（热电偶）	— 8	—	30mA
	FX$_{2N}$-1HC	50kHz 两相调整计数器	— 8	—	90mA
	FX$_{2N}$-1PG	100kpps 脉冲输出模块	— 8	—	55mA
	FX-2321F	RS-232 通信接口	16	8	40mA
	FX-16NP	M-NET/M1N1 用（光纤）	16	8	80mA
	FX-16NT	M-NET/M1N1 用（胶合导线）	8 8	8	80mA
	FX-16NP-S3	M-NET/M1N1-S3 用（光纤）	8 8	8	80mA
	FX-16NP-S3	M-NET/M1N1-S3（胶合导线）	— 8	—	80mA
	FX-2DA	2CH 模拟输出	— 8	—	30mA
	FX-4DA	4CH 模拟输出	— 8	—	30mA
	FX-4AD	4CH 模拟输入	— 8	—	30mA
	FX-2AD-PT	2CH 温度输入（Pt-100）	— 8	—	30mA
	FX-4AD-TC	4CH 传感器输入（热电偶）	— 8	—	40mA
	FX-1HC	50kHz 两相高速计数器	— 8	—	70mA
	FX-1PG	100kpps 脉冲输出块	— 8	—	55mA
	FX-1D1F	1D1F 接口	8 8	8	130mA
特殊单元	FX-1GM	定位脉冲输出单元（1轴）	— 8	—	自给
	FX-10GM	定位脉冲输出单元（1轴）	— 8	—	自给
	FX-20GM	定位脉冲输出单元（2轴）	— 8	—	自给

5. 型号名称组成符号的含义

（1）I/O 总点数。基本单元、扩展单元的输入/输出点数都相同。

（2）输出形式。

① R：继电器输出（有干接点，交流、直流负载两用）；

② S：三端双向晶闸管开关元件输出（无干接点，交流负载用）；

③ T：晶体管输出（无干接点，直流负载用）。

（3）其他区分。AC 100/200V 电源，DC 24V 输入（内部供电）。

① D：直流电源，DC 输入。

② UA1/UL：交流电源，AC 输入。

（4）输入/输出形式。

① R：DC 输入 4 点、继电器输出 4 点的组合；

② X：输入专用（无输出）；

③ YR：继电器输出专用（无输入）；

④ YS：三端双向晶闸管开关元件输出专用（无输入）；

⑤ YT：晶体管输出专用（无输入）。

2.1.2 编程元件及使用说明

1. 输入/输出继电器 X /Y

在 PLC 的内部存储器中有一个用来存储输入/输出信号的存储区，称为输入/输出暂存器，输入/输出暂存器有很多存储单元（位），某个单元所存的内容和 PLC 的某个输入/输出端的状态相对应。输入部分用于反映控制现场的输入信号，称为输入继电器；输出部分用于反映 PLC 的输出信号，称为输出继电器。存储区中每位的内容为动合触点的状态，对于动断触点 PLC 是将其相应位的状态取反而获得。这些继电器的触点可以在 PLC 的程序中多次引用，其次数不受限制。

输入继电器用 X 表示，其特点是：状态由 PLC 外部的控制现场信号驱动（由外部输入器件接入的信号），不受 PLC 程序的控制，编程时使用次数不限。

输出继电器用 Y 表示，它是 PLC 向外部负载传递控制信号的器件，其特点是：由 PLC 的程序控制；每一个输出继电器的动合、动断触点在编程时都可以无限次数的使用；一个输出继电器对应于输出单元上外接的一个物理继电器或其他执行元件。PLC 的每一个 I/O 继电器都对应有其外部的接线端口，I/O 继电器的数目也称 I/O 点数。

FX 系列 PLC 的输入/输出继电器均采用八进制的地址编号。FX_{2N} 系列 PLC 的 I/O 地址为：X000～X007、X010～X017、X020～X027、X030～X037……以及 Y000～Y007、Y010～Y017、Y020～Y027……。

2. 辅助继电器 M

PLC 内部有许多辅助继电器 M，它有若干对动合触点和动断触点。辅助继电器和继电器控制系统中的中间继电器作用相似，用于逻辑运算中的辅助运算，如状态暂存、移位等运算，仅供中间转换环节使用。辅助继电器不能直接驱动外部负载，要驱动外部负载必须通过输出继电器。辅助继电器分为以下几种类型。

（1）通用辅助继电器。通用辅助继电器的编号为 M0～M499，共 500 点（在 FX 系列 PLC 中除了输入/输出继电器外，其他所有的器件都是按十进制数编号的）。

（2）保持辅助继电器。保持辅助继电器的编号为 M500～M1023，共 524 点。保持辅助继电器由后备锂电池供电，所以在电源断电时能够保持它们原来的状态不变。掉电保持继电器也可以用参数设置的方法改为非掉电保持功能。

（3）掉电保持专用辅助继电器。掉电保持专用辅助继电器是指具有专门功能的一些辅助继电器。专用辅助继电器的编号为 M1024～M3071，共 2048 点。

（4）特殊辅助继电器。特殊辅助继电器的编号为 M8000～M8255，这些特殊辅助继电器具有特定的功能，为用户编程提供方便。根据性质的不同，可分为只读式特殊辅助继电器和读/写式特殊辅助继电器两大类。对于只读式特殊辅助继电器，用户可以直接在程序中使用其触点，不用驱动其线圈；而对于读/写式特殊辅助继电器，用户必须驱动其线圈，才可以在程序中使用其触点。特殊辅助继电器的类型由厂家提供的技术说明书确定。下面介绍几种常用的特殊辅助继电器。

① 运行监控继电器 M8000。当 PLC 运行时，M8000 自动处于接通状态，当 PLC 停止运行时，M8000 处于断开状态，因此可以利用 M8000 的触点经输出继电器 Y 在外部显示程序是否运行，起到 PLC 运行监控的作用。M8000 为动合触点，M8001 为动断触点，M8001 同样是运行监控继电器。

② 初始化脉冲继电器 M8002（动合触点）。当 PLC 一开始运行时，M8002 就接通，自动发出宽度为一个扫描周期的单窄脉冲信号。M8002 常用做计数器、保持继电器等的初始化信号。M8003 为动断触点的初始化脉冲继电器。

③ 100ms 时钟脉冲发生器 M8012（M8011 为 10ms、M8013 为 1s 时钟发生器）。

④ 寄存器数据保持停止继电器 M8033。

⑤ 禁止全部输出继电器 M8034。在执行程序时，一旦 M8034 接通，则所有输出继电器的输出自动断开，使 PLC 没有输出，但这并不影响 PLC 内部程序的执行。M8034 常用于控制系统发生故障时切断输出，而保留 PLC 内部程序的正常执行，使用 M8034 有助于系统故障的检查和排除。

以上特殊辅助继电器的动合、动断触点在 PLC 编程时都可以无限次地使用，PLC 产品的辅助继电器的功能及编号在产品使用说明书中均有定义，未被定义的辅助继电器不能使用。

3. 状态器 S

状态器 S 是使用步进指令的基本元件，它与步进梯形图指令配合使用。常用的状态器有下面几种类型。

（1）通用状态继电器。编号为 S0～S499，共 500 点，其中 S0～S9 用于初始状态，S10～S19 用于回零位状态。

（2）失电保护状态继电器。编号为 S500～S899，共 400 点。

（3）报警用状态继电器。编号为 S900～S999，共 100 点。

状态器的触点使用次数不限，不用步进指令时，状态器可以像辅助继电器一样在程序中使用。

4. 定时器 T

定时器 T 相当于继电器控制系统中的时间继电器，它能提供若干个动合、动断延时触点，供用户编程使用。定时器的工作时间通过编程设定。定时器有一个设定值寄存器（一个字长）、一个当前值寄存器（一个字长）及若干个触点（位）。一个定时器的这 3 个量用同一地址表示，但使用的场合不一样，其所指也不同。例如，符号 T0 可以表示 0 号定时器的动合、动断触点及线圈等。

定时器累计 PLC 内部的 1ms、10ms、100ms 时钟脉冲，当达到设定值时，定时器的输出触点动作。定时器可以直接在用户程序中设定时间常数，也可以利用数据寄存器 D 中的数据作为时间常数。

（1）普通定时器 T0～T245（246 点）。其中，100ms 定时器为 T0～T199（200 点），每个设定值的范围为 0.1～3276.7s；10ms 定时器为 T200～T245（46 点），每个设定值的范围为 0.01～327.67s。

（2）积算定时器 T246～T255（10 点）。其中，1ms 积算定时器为 T246～T249（4 点），每个设定值的范围为 0.001～32.767s；100ms 积算定时器为 T250～T255（6 点），每个设定值的范围为 0.1～3276.7s。

5. 计数器 C

计数器 C 主要用来记录脉冲的个数或根据脉冲个数设定某一时间，计数值通过编程来设定。计数器根据 PLC 的字长度不同分为 16 位计数器和 32 位计数器；根据计数信号频率的不同分为通用计数器和高速计数器。由于计数器具有加减计数功能，所以又分为递加计数器和递减计数器。

16 位加计数器是在执行扫描操作时对内部器件（X、Y、S、M、C 等）的信号进行加计数的计数器，因此其接通时间和断开时间应比 PLC 的扫描周期稍长，通常其输入信号频率大约为几个扫描周期。

（1）16 位加计数器。其设定值为 1～32767，地址为 C0～C199，其中 C0～C99 为普通型，C100～C199 为失电保护型。

（2）32 位双向计数器。其设定值为 −2147483648～2147483647，其中 C200～C219 为通用型，C220～C234 为失电保护型。计数器的加减功能由内部辅助继电器 M8200～M8234 设定，特殊辅助继电器闭合（置 1）时为递减计数，断开时为递加计数。两相输入计数器的两相输入是信号 A 和信号 B，它们决定于计数器是加计数器还是减计数器。

（3）高速计数器。高速计数器的地址为 C235～C255（共 21 点），这 21 个计数器均为 32 位加/减计数器。

6. 常数 K/H

K/H 用于表明 PLC 指令中的常数，十进制常数用 K 表示，如十进制数 118，表示为 K118；十六进制常数用 H 表示，如十六进制数 118，表示为 H118。因常数在存储器中也占有一定的空间，故也作为编程元件看待。

7. 数据寄存器 D

在进行输入/输出处理、模拟量控制、位置控制时，需要许多数据寄存器存储数据和参数。数据寄存器为 16 位，最高位为符号位，可采用两个数据寄存器合并起来存放 32 位数据，最高位仍为符号位。数据寄存器分为以下几类。

（1）普通数据寄存器 D0～D199，共 200 点。当 PLC 由运行到停止时，该类数据寄存器的内容均为零，当驱动特殊辅助继电器 M8031 后，在 PLC 由运行变为停止时，D0～D199 数据寄存器具有保持功能。

（2）失电保持数据寄存器 D200～D511，共 312 点。只要不改写，该寄存器中的原有数据就不会丢失。不论电源接通与否、PLC 运行与否，都不会改变该寄存器里的内容。

（3）特殊数据寄存器 D8000～D8255，共 256 点。这些数据寄存器供监视 PLC 的器件运行方式用，在 PLC 产品说明书中未定义的特殊数据寄存器用户不能使用。

（4）文件数据寄存器 D1000～D7999，共 7000 点。文件数据寄存器实际上是一类专用数据寄存器，用于存储大量的数据，如采样数据、统计计算数据、多组控制数据等。文件数据寄存器占用户程序存储器（RAM、EPRAM、EEPRAM）内的一个存储区，以 500 点为一个单位，在参数设定时，最多可设置 7000 点，用编程器进行写操作。

8. 变址寄存器 V／Z（V0～V7，Z0～Z7）

变址寄存器通常用于修改器件的地址编号。V 和 Z 都是 16 位的寄存器，可进行数据的读/写操作，当进行 32 位操作时，将 V、Z 合并使用，指定 Z 为低位。

9. 指针 P／I

P（P0～P127，共 128 点）为跳转指令的指针，在程序中指针 P0～P127 作为标号使用时，用于指定条件跳转、子程序调用等目标。I 为中断指令的指针，共 9 点。

表 2.5 为 FX 系列 PLC 的内部系统配置。

表 2.5　FX 系列 PLC 的内部系统配置

项　　目		规　　格	备　　注
运转控制方式		通过存储的程序周期运转	
I/O 控制方式		批处理方法（执行 END 指令时）	I/O 指令可以刷新
运转处理时间		基本指令：0.08μσ指令；功能指令：1.52～几百 μσ指令	
编程语言		逻辑梯形图和指令语句	使用步进梯形图能生成 ΣΦX 类型程序
容量		8000 步内置	使用附加寄存器盒可扩展到 16000 步
指令数目		基本指令：27 步进指令：2 功能指令：128	最大可用 298 条功能指令
I/O 配置		最大硬件 I/O 配置点 256，依赖于用户的选择（最大软件可设定地址输入 256、输出 256）	
辅助继电器（M）	一般	500 点	M0～M499
	锁定	2572 点	M500～M3071
	特殊	256 点	M8000～M8255
状态继电器（Σ）	一般	500 点	Σ0～Σ499
	锁定	400 点	Σ500～Σ899
	初始	10 点	Σ0～Σ9
	信号报警	100 点	Σ900～Σ999
定时器（T）	100μσ	0～3276.7σ（200 点）	T0～T199
	10μσ	0～327.67σ（46 点）	T200～T245
	1μσ保持型	0～32.767σ（4 点）	T246～T249
	100μσ保持型	0～3276.7σ（6 点）	T250～T255
计数器（X）	一般 16 位	0～32767 100 点	X0～X99，16 位上计数器
	锁定 16 位	100 点（子程序）	X100～X199，16 位上计数器
	一般 32 位	－ 2147483648～＋ 2147483647　20 点	X200～X219，32 位上/下计数器
	锁定 32 位	15 点	X220～X234，16 位上/下计数器

项　目		规　格	备　注
高速计数器（C）	单相	−2147483648～＋2147483647 点； 一般规则：选择计数频率不大于 20kHz 的计数器组合； 所有的计数器锁存	C235～C240，6 点
	单相 c/w 起始、停止输入		C241～C245，5 点
	双相		C246～C250，5 点
	A/B 相		C251～C255，5 点
数据寄存器（D）	一般	200 点	D0～D199； 32 位元件的 16 位数据存储寄存器对
	锁存	7800 点	D200～D7999； 32 位元件的 16 位数据存储寄存器对
	文件寄存器	7000 点	D1000～D7999； 16 位数据存储寄存器
	特殊	256 点	D8000～D8255； 16 位数据存储寄存器
	变址	16 点	V0～V7 及 Z0～Z7； 16 位数据存储寄存器
指针（P）	用于 CALL	128 点	P0～P127
	用于中断	6 输入点、3 定时器、6 计数器	100＊～150＊和 16＊＊～18＊＊（上升沿触发＊＝1，下降沿触发＊＝0，＊＊＝时间，单位：ms）
嵌套层次		用于 MC～MCR 时为 8 点	N0～N7
常数	十进制 K	16 位：−32768～＋32768；32 位：−2147483648～＋2147483647	
	十六进制 H	16 位：0000～FFFF；32 位：00000000～FFFFFFFF	
	浮点	32 位：±1.175×10^{36}、±3.403×10^{36}（不能直接输入）	

2.2　FX 系列 PLC 的基本指令及编程方法

本节以梯形图及指令语句表的形式，介绍 FX_{2N} 系列可编程控制器的基本指令及编程方法。基本指令包括取、取反、与、或、块或、块指令及定时器和计数器指令等。

2.2.1　逻辑取指令和线圈驱动指令 LD、LDI、OUT

（1）取指令 LD（Load）、取反指令 LDI（Load Inverse）。通常用于将动合、动断触点与主母线连接，实现将指令中所指定的目标元件内容（状态）读入到结果寄存器中。取指令的目标元件有 X、Y、M、T、C 及 S。

另外，在后面叙述的块指令编程时，梯形图的分支起点处也需要用取指令。

（2）线圈的驱动指令 OUT（Out）。用于驱动各类继电器，OUT 指令也称输出指令。线圈驱动指令的目标元件有 Y、M、T、C 和 S。OUT 指令不能对输入继电器 X 使用。OUT 指令可以连续使用若干次，对应于梯形图中线圈的并联连接方式。

（3）逻辑取指令和线圈驱动指令的应用。LD、LD1、OUT 指令的使用如图 2.1 所示。

① 在第一个梯级中，PLC 首先执行 LD 取指令，将输入继电器中 X1 单元的内容（状态）读入到结果寄存器 R 中；接着执行 OUT 指令，将 R 中的内容送至输出继电器的 Y1 单元。

② 执行第二个梯级的 LDI 指令时，先将 X2 单元的内容（状态）取反后送至 R，那么 R 中原来的内容就自动送到栈寄存器的第一层 S1 了，接着执行 OUT 指令，实现同时将 R 中的内容送至 M0 和 T2 单元的操作，所以 M0 和 T2 的状态和 X2 取反的状态相同。后面的程序执行可依此类推进行分析。

③ PLC 每次执行 LD 取指令时，都是将目标元件的内容（状态）读入结果寄存器 R 中，多次执行取指令时，PLC 自动将结果寄存器 R 中原来的内容送入栈寄存器，存入栈寄存器的内容会依次向下压一层。OUT 指令完成的操作功能是将结果寄存器的内容送至目标元件（即驱动各类继电器）。图 2.1 表格中用元件名称加括号表示该地址中的状态，如（X1）表示 X1 单元的状态。图 2.1 中的注释仅供初学者理解 PLC 程序执行过程使用。

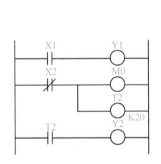

步序号	指令语句		注释
	助记符	器件号	
0	LD	X1	$(X1)\to R$
1	OUT	Y1	$(R)\to Y1$
2	LDI	X2	$(\overline{X2})\to R,\ (R)\to S1$
3	OUT	M0	$(R)\to M0$
4	OUT	T2	$(R)\to T2$
	K	20	定时器延时
5	LD	T2	$(T2)\to R,(R)\to S1,(S1)\to S2$
6	OUT	Y2	$(R)\to Y2$

图 2.1　LD、LDI、OUT 指令的使用

2.2.2　触点串联指令 AND、ANI

与指令 AND（And）、与非指令 ANI（And Inverse）为动合、动断触点的串联指令。在使用时应注意以下几点。

① AND、ANI 指令是用于串联一个触点的指令，串联触点的数量不限，即可以多次使用 AND、ANI 指令，其目标元件是 X、Y、M、S、T、C，使用说明如图 2.2 所示。

```
0000  LD    X2     (X2)→R
0001  AND   M100   (R)•(M100)→R
0002  OUT   Y4     (R)→Y4

0003  LD    X3     (X3)→R, (R)→S1
0004  ANI   M1     (R)•(M1)→R
0005  OUT   M100   (R)→M100
0006  AND   T4     (R)•(T4)→R,(R)→S1,(S1)→S2
0007  OUT   Y5     (R)→Y5
```

图 2.2　AND、ANI 指令的使用

② 图 2.3 所示的连续输出不能采用图 2.2 所对应的指令语句，必须采用后面要讲的堆栈指令，否则将使得程序步增多，因此不推荐使用图 2.3 所示的梯形图形式。

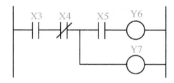

图 2.3　不推荐的梯形图形式

2.2.3　触点并联指令 OR、ORI

或指令 OR（Or）、或非指令 ORI（Or Inverse）为动合、动断触点的并联指令，其使用说明如图 2.4 所示。OR、ORI 指令仅用于并联连接一个触点。OR、ORI 指令是对其前面 LD、LDI 指令所规定的触点再并联一个触点，并联的次数不受限制，即可以连续使用。它的目标元件是 X、Y、M、S、T、C。

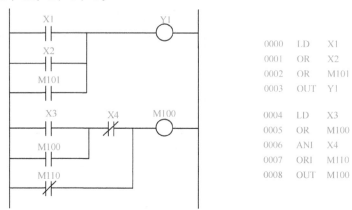

图 2.4　OR、ORI 指令的使用

2.2.4　信号上升沿和下降沿的取指令 LDP、LDF

信号上升沿的取指令 LDP 用于在信号的上升沿接通一个扫描周期；信号下降沿的取指令 LDF 用于在信号的下降沿接通一个扫描周期。

LDP、LDF 指令的使用如图 2.5 所示。使用 LDP 指令，Y1 在 X1 的上升沿时刻（由 OFF 到 ON 时）接通，接通时间为一个扫描周期。使用 LDF 指令，Y2 在 X3 的下降沿时刻（由 ON 到 OFF 时）接通，接通时间为一个扫描周期。LDP、LDF 指令的目标元件是 X、Y、M、S、T、C。

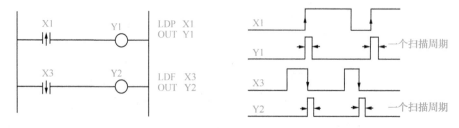

图 2.5　LDP、LDF 指令的使用

2.2.5 上升沿和下降沿的与指令 ANDP、ANDF

ANDP 为在上升沿进行与逻辑操作的指令，ANDF 为在下降沿进行与逻辑操作的指令。

ANDF、ANDP 指令的使用如图 2.6 所示。使用 ANDP 指令编程，使输出继电器 Y1 在辅助继电器 M1 闭合后，在 X1 的上升沿（由 OFF 到 ON）时接通一个扫描周期；使用 ANDF 指令编程，使 Y2 在 X2 闭合后，在 X3 的下降沿（由 ON 到 OFF）时接通一个扫描周期。ANDP、ANDF 与指令仅在上升沿和下降沿进行一个扫描周期的与逻辑运算。

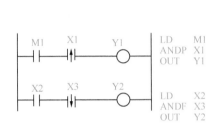
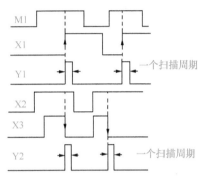

图 2.6 ANDF、ANDP 指令的使用

2.2.6 上升沿和下降沿的或指令 ORP、ORF

ORP 为上升沿的或逻辑操作指令，ORF 为下降沿的或逻辑操作指令。

ORP、ORF 指令的使用如图 2.7 所示。使用 ORP 指令，辅助继电器 M0 仅在 X0、X1 的上升沿（由 OFF 到 ON）时刻接通一个扫描周期；使用 ORF 指令，Y0 仅在 X4、X5 的下降沿（由 ON 到 OFF）时刻接通一个扫描周期。

ORP、ORF 指令的目标元件为 X、Y、M、T、C 和 S。

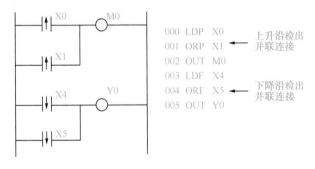

图 2.7 ORP、ORF 指令的使用

2.2.7 电路块并联连接指令 ORB

ORB（Or Block）是块或指令，用于电路块的并联连接。

两个或两个以上的触点串联连接的电路称为"串联电路块"，当并联连接"串联电路块"时，在支路起点要用 LD、LDI 指令，而在该支路终点要用 ORB 指令。ORB 指令无操作目标元件。

ORB 指令有两种使用方法，一种是在要并联的两个块电路后面加 ORB 指令，即分散使用 ORB 指令，其并联电路块的个数没有限制，如图 2.8（a）所示；另一种是集中使用 ORB 指令，如图 2.8（b）所示，集中使用 ORB 指令的次数不允许超过 8 次，所以不推荐集中使用 ORB 指令的编程方法。

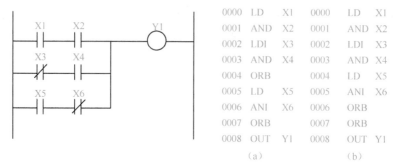

0000	LD	X1	0000	LD	X1
0001	AND	X2	0001	AND	X2
0002	LDI	X3	0002	LDI	X3
0003	AND	X4	0003	AND	X4
0004	ORB		0004	LD	X5
0005	LD	X5	0005	ANI	X6
0006	ANI	X6	0006	ORB	
0007	ORB		0007	ORB	
0008	OUT	Y1	0008	OUT	Y1
	(a)			(b)	

图 2.8　ORB 指令的使用

2.2.8　电路块串联连接指令 ANB

ANB（And Block）为块与指令，用于电路块的串联连接。

两个或两个以上的触点并联连接的电路称为"并联电路块"，将"并联电路块"与前面电路串联连接时，梯形图分支的起点用 LD 或 LDI 指令，在并联电路块结束后使用 ANB 指令。ANB 指令无操作目标元件。

ANB 指令和 ORB 指令一样也有两种用法，不推荐集中使用的方法。ANB 指令的使用如图 2.9（a）所示，对于图（b）所示的梯形图编程，应采用图（c）的形式编程，这样可以简化程序。

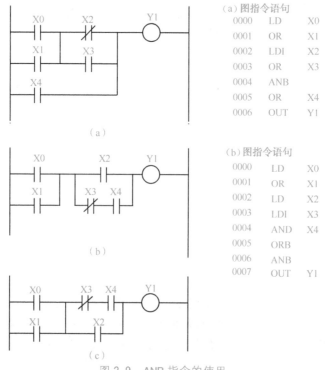

（a）图指令语句
0000	LD	X0
0001	OR	X1
0002	LDI	X2
0003	OR	X3
0004	ANB	
0005	OR	X4
0006	OUT	Y1

（b）图指令语句
0000	LD	X0
0001	OR	X1
0002	LD	X2
0003	LDI	X3
0004	AND	X4
0005	ORB	
0006	ANB	
0007	OUT	Y1

图 2.9　ANB 指令的使用

2.2.9 栈指令 MPS、MRD、MPP

MPS 为进栈指令，用于将状态读入栈寄存器；MRD 为读栈指令，用于读出 MPS 指令存入栈寄存器的状态；MPP 为出栈（读并清除）指令，读出用 MPS 指令记忆的状态并清除这些状态。

栈指令用于梯形图的多路输出，所完成的操作功能是将多路输出连接点的状态先存储，使用时再读出，在多重输出结束时栈寄存器中的内容自动清除。

FX 系列的 PLC 中有 11 个存储中间结果的存储区域称为栈存储器。使用进栈指令 MPS 时，将当时的运算结果存入栈存储器的第一层，栈存储器中原来的数据依次向下一层移动；使用出栈指令 MPP 时，各层的数据依次向上移动一次，将最上层的数据读出后，此数据就从栈中消失；MPD 是存储器最上层数据的读数据专用指令，读数据时，栈内数据不会发生移动。

在使用中应注意以下几点。

（1）这 3 条指令均无操作目标元件。

（2）MPS、MPP 指令必须成对使用，而且连续使用次数应少于 11 次。

【例 2.1】 MPS、MRD、MPP 指令的使用如图 2.10～图 2.12 所示。

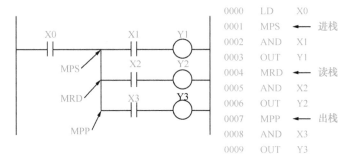

```
0000    LD      X0
0001    MPS     ←— 进栈
0002    AND     X1
0003    OUT     Y1
0004    MRD     ←— 读栈
0005    AND     X2
0006    OUT     Y2
0007    MPP     ←— 出栈
0008    AND     X3
0009    OUT     Y3
```

图 2.10 栈指令的使用之一

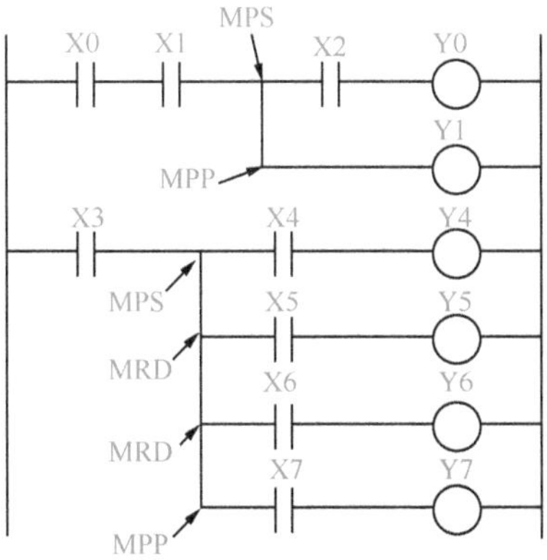

```
0000    LD    X0      0010    OUT   Y4
0001    AND   X1      0011    MRD
0002    MPS           0012    AND   X5
0003    AND   X2      0013    OUT   Y5
0004    OUT   Y0      0014    MRD
0005    MPP           0015    AND   X6
0006    OUT   Y1      0016    OUT   Y6
0007    LD    X3      0017    MPP
0008    MPS           0018    AND   X7
0009    AND   X4      0019    OUT   Y7
```

（a）

图 2.11 栈指令的使用之二

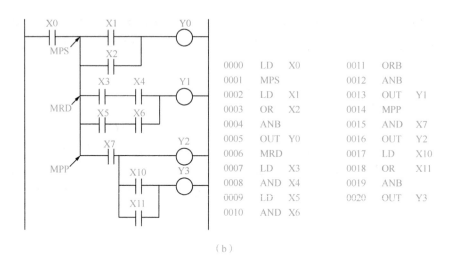

0000	LD	X0	0011	ORB	
0001	MPS		0012	ANB	
0002	LD	X1	0013	OUT	Y1
0003	OR	X2	0014	MPP	
0004	ANB		0015	AND	X7
0005	OUT	Y0	0016	OUT	Y2
0006	MRD		0017	LD	X10
0007	LD	X3	0018	OR	X11
0008	AND	X4	0019	ANB	
0009	LD	X5	0020	OUT	Y3
0010	AND	X6			

（b）

图 2.11 栈指令的使用之二（续）

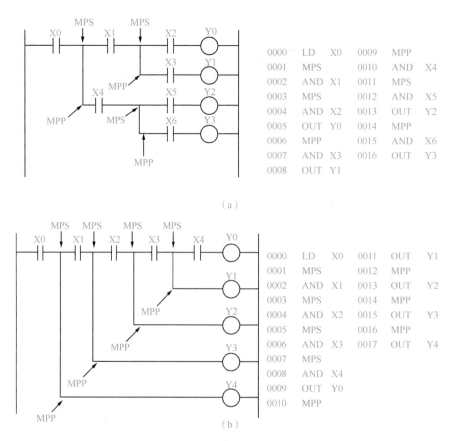

0000	LD	X0	0009	MPP	
0001	MPS		0010	AND	X4
0002	AND	X1	0011	MPS	
0003	MPS		0012	AND	X5
0004	AND	X2	0013	OUT	Y2
0005	OUT	Y0	0014	MPP	
0006	MPP		0015	AND	X6
0007	AND	X3	0016	OUT	Y3
0008	OUT	Y1			

（a）

0000	LD	X0	0011	OUT	Y1
0001	MPS		0012	MPP	
0002	AND	X1	0013	OUT	Y2
0003	MPS		0014	MPP	
0004	AND	X2	0015	OUT	Y3
0005	MPS		0016	MPP	
0006	AND	X3	0017	OUT	Y4
0007	MPS				
0008	AND	X4			
0009	OUT	Y0			
0010	MPP				

（b）

图 2.12 栈指令的使用之三

2.2.10 主控指令 MC、MCR

MC（Master Control）为主控指令，用于公共串联触点的连接；MCR（Master Control Reset）为主控复位指令，用于对 MC 指令的复位。

主控指令所完成的操作功能是：当某一触点（或一组触点）的条件满足时，按正常顺序执行；当这一条件不满足时，则不执行某部分程序，与这部分程序相关的继电器状态全为零。

在编程时，经常遇到多个线圈同时受一个或一组触点控制的情况，如果在每个线圈的控制电路中都编入该逻辑条件，则必然使程序变长，对于这种情况，可以采用主控指令来解决。主控指令利用在母线中串接一个主控触点来实现控制，其作用如控制一组电路的总开关。MC、MCR 指令的使用如图 2.13 所示，MC 指令占 3 个程序步，MCR 指令占 2 个程序步。

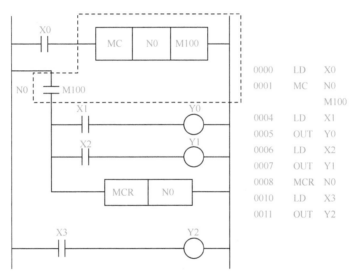

图 2.13 MC、MCR 指令的使用之一

MC、MCR 两条指令的操作目标元件是 Y、M，但不允许使用特殊辅助继电器。

图 2.13 中 X0 为 N0 号主控指令的执行条件，M100 是主控继电器，当 X0 为 ON 时，M100 触点闭合，才能执行 MC 与 MCR 之间的指令；当 X0 为 OFF 时，M100 触点断开，不执行 MC 与 MCR 之间的指令。

在使用时应注意以下几点。

① 与主控继电器触点相连接的触点用 LD、LDI 指令。

② 编程时对于主控继电器触点不输入指令，如图 2.13 中的"N0 M100"，它仅是主控指令在梯形图中的标记。

③ 主控指令允许嵌套使用，嵌套级 N 的编号（0～7）顺次增大，返回时使用 MCR 指令，从大的嵌套级开始解除，如图 2.14 所示。

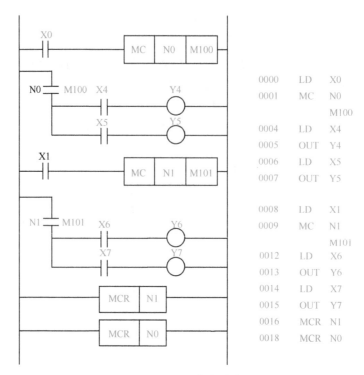

图2.14 MC、MCR指令的使用之二

2.2.11 逻辑取反指令 INV

INV取反指令用于将运算结果取反。执行该指令时，将INV指令之前的运算结果（如

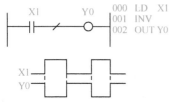

图2.15 INV指令的使用

LD、LDI等）变为相反的状态，即由原来的OFF到ON变为由ON到OFF的状态。INV指令的使用如图2.15所示，图中用INV指令实现将X1的状态取反后驱动Y0，在X1为OFF时Y0得电，在X1为ON时Y0失电。

在使用中应注意以下几点。

① 该指令是一个无操作数的指令。

② 该指令不能直接和主母线相连接，也不能像OR、ORI等指令那样单独使用。

2.2.12 置位和复位指令 SET、RST

置位指令SET（Set）为操作保持指令；复位指令RST（Reset）为操作复位指令。

SET、RST指令的使用如图2.16所示，图中的X0为ON，Y0得电处于保持的状态，即使X0再断开对Y0也无影响，Y0得电的状态一直保持到复位信号RST到来。

SET指令的目标元件是Y、M、S，RST指令的目标元件是Y、M、S、D、V、Z、T、C。这两条指令占1～3个程序步。RST指令也用于定时器、计数器的复位及数据寄存器、变址寄存器的内容清零。

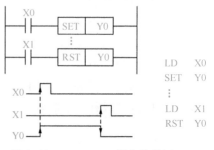

图2.16 SET、RST指令的使用

2.2.13 定时器和计数器指令

1. 定时器

（1）普通定时器。普通定时器的使用如图 2.17 所示。X0 为定时器 T200 的执行条件，当 X0 为 ON 时，定时器开始延时，定时器的当前值从 0 开始直至设定时间 1.23s（T200 的时基信号是 10ms）时，定时器的触点动作（动合触点闭合、动断触点断开），与此同时输出继电器 Y0 得电。当输入信号 X0 变为 OFF 时，定时器线圈立即断电，T200 的当前值变为 0，同时定时器的触点立即复位（动合触点断开、动断触点闭合）。

（2）积算定时器。积算定时器的使用如图 2.18 所示。输入信号 X1 为定时器 T250 的驱动信号。当 X1 为 ON 时，定时器 T250 得电开始延时，当延时时间到，定时器的触点动作。与普通定时器不同的是，积算定时器具有断电记忆及复电继续工作的特点。若在延时时间内出现 X1 断开或断电时，定时器的当前值可以保留，当输入信号 X1 又接通或复电时，定时器会在此基础上继续进行延时工作，T250 当前值的变化如图 2.18 所示。

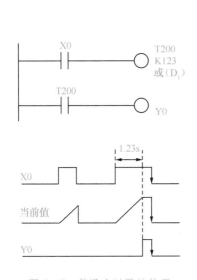

图 2.17 普通定时器的使用

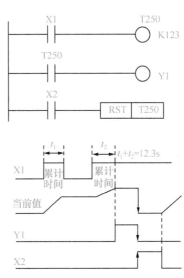

图 2.18 积算定时器的使用

2. 计数器

（1）递加计数器。如图 2.19 所示为递加计数器的动作时序图。

① 图中 X1 为计数器的计数输入信号，每当 X1 动作（由 OFF 到 ON）一次，计数器的当前值就加 1。当计数器的当前值变为 5（设定值）时，计数器 C0 的触点动作（动合触点闭合、动断触点断开），之后即使 X1 再接通动作，计数器也不动作。当复位信号 X0 到来时，计数器复位（执行 RST 指令），即计数器的当前值复位为 0，计数器的触点也立即复位（动合触点断开、动断触点闭合）。

② 计数器和定时器一样，其设定值可以直接设定，也可以通过指定数据寄存器来间接设定，直接给计数器设定计数常数的方法如图 2.19（a）所示，通过数据寄存器（D）间接设定计数常数的方法如图 2.19（b）所示。

在使用计数器时应注意，计数器的复位信号和计数信号同时到来时，复位信号优先。计数未计到设定值时，复位信号到来，计数器立即复位。

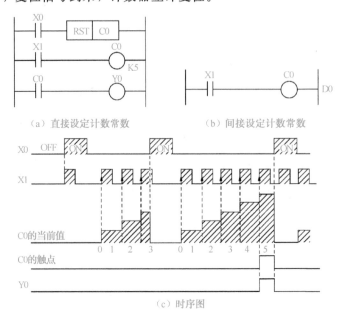

（a）直接设定计数常数 　　　　　　（b）间接设定计数常数

（c）时序图

图 2.19　递加计数器的动作时序图

（2）加减计数器。如图 2.20（a）所示为 32 位加减计数器的应用梯形图，C200 加减计数器由 X12、X13 和 X14 三个信号控制。

① X12 信号用于控制计数器的加减功能。M8200 是专用于控制 C200 计数方向的特殊辅助继电器，当 X12 为 ON 时，M8200 得电，C200 为减计数器，反之，当 X12 为 OFF 时，M8200 断电，C200 为加计数器。

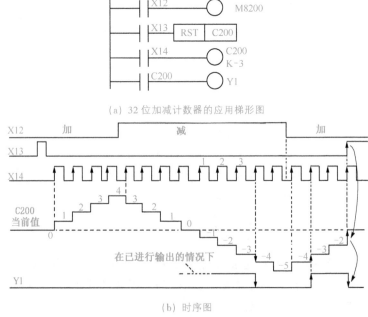

（a）32 位加减计数器的应用梯形图

（b）时序图

图 2.20　加减计数器的示意图

② X14 是计数器的脉冲输入信号。C200 在 X14 的上升沿计数。由于计数器的设定常数为－3，故当计数器的当前值大于或等于设定值时，计数器线圈得电，其动合触点闭合，如图 2.20（b）中 C200 的计数值由－4 增加为－3 时所示。而当 C200 的当前值小于设定值时，其动合触点断开，如图 2.20（b）中 C200 的当前值由－3 减小为－4 时所示。计数器的当前值在其他点的增减变化不会改变其触点的状态。

③ X13 是 C200 的计数复位信号。当 X13 为 ON 时，无论计数器的当前值为多少，都将执行 RST 复位指令，使计数器的当前值复位为 0，同时计数器的触点也复位（动合触点断开，动断触点闭合）。

④ 如果计数器 C200 的设定值为 3，则表明计数器设定为加计数器，在计数器的当前值由 2 变为 3 时，C200 的动合触点为 ON，当前值大于 3 时，其动合触点状态不变，仍为 ON。在当前值小于等于 2 时，C200 的动合触点为 OFF。计数器当前值在其他点的增减变化都不会改变其输出状态。

⑤ 32 位加减计数器的 32 位是指其设定值为 32 位。由于是双向计数器，故 32 位数据的首位为符号位，实际数值只有 31 位二进制数所表示的十进制数，即为－2147483648～＋2147483647。设定值可以直接设定，也可以通过数据寄存器间接设定。

⑥ 对于 32 位加减计数器 C□□□，要采用相对应的特殊辅助继电器 M□□□进行加或减的计数方向控制，使用时要查阅 PLC 的产品使用说明书。

⑦ 32 位加减计数器可作为环形计数器使用。若计数器的当前值为最大值＋2147483647，计数器做加计数运算时，加 1 后当前值就会变为最小值－2147483648。如果当前值在最小值－2147483648，计数器做减计数运算时，减 1 后当前值就会变为最大值＋2147483647，这种功能称为计数器的环形计数功能。

2.2.14 脉冲指令 PLS、PLF

脉冲上微分指令 PLS（Pulse Up）用于在输入信号的上升沿产生脉冲输出，脉冲下微分指令 PLF（Pulse Off）用于在输入信号的下降沿产生脉冲输出。

这两条指令都占两个程序步，它们的目标元件是 Y 和 M，但特殊辅助继电器不能作为目标元件。PLS、PLF 指令和 SET 及 RST 指令的配合使用如图 2.21 所示。

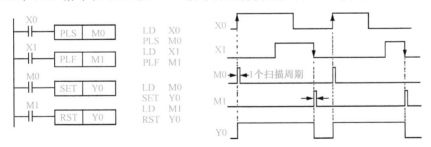

图 2.21 PLS、PLF 指令的使用

使用 PLS 指令时，元件 Y、M 仅在驱动输入触点闭合的一个扫描周期内动作（置 1），而使用 PLF 指令时，元件 Y、M 仅在驱动输入触点断开后的一个扫描周期内动作。

2.2.15　空操作指令 NOP

NOP（No Operation）为空操作指令。

NOP 是一条无动作、无目标元件的程序步，它有两个作用：一是在执行程序全部清除后，用 NOP 显示；二是用于修改程序，利用在程序中插入 NOP 指令，修改程序时可以使程序步序号的变化减少。

2.2.16　程序结束指令 END

END 为程序结束指令。

END 是一个与目标元件无关的指令。PLC 的工作方式为循环扫描方式，即开机执行程序均由第一句指令语句（步序号为 000）开始执行，一直执行到最后一条语句 END，依次循环执行，END 后面的指令无效（即 PLC 不执行），因此利用在程序的适当位置上插入 END，可以方便地进行程序的分段调试。

2.3　FX 系列 PLC 的编程基本原则

2.3.1　梯形图的设计规则

梯形图按照从上到下、从左到右的顺序设计，在基本逻辑指令的梯形图中，应以一个线圈的结束为一个逻辑行，也称为一个梯级。每一逻辑行的起点是左母线（主母线），接着是触点的连接，最后以线圈结束于右母线。在画图时允许省略右母线。梯形图的设计规则如下所述。

（1）触点和线圈的常规位置。梯形图的左母线与线圈间一定要有触点，而线圈与右母线间不能有任何触点，常规下触点只能在水平线上，不能画在垂直分支上，如图 2.22 所示。

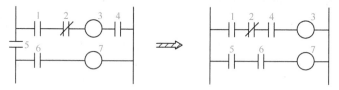

图 2.22　梯形图的设计规则说明之一

（2）程序简化方法。在并联连接支路时，应将有多触点的并联支路放在上方，如图 2.23 所示。

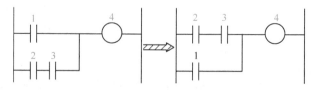

图 2.23　梯形图的设计规则说明之二

（3）避免使用双线圈。在一般逻辑指令的程序中应避免使用双线圈。同一编号的线圈如果使用两次则称为双线圈，双线圈输出容易引起误操作。

（4）桥式电路的处理。桥式电路不能直接编程，必须画出相应的等效梯形图，如图2.24所示。

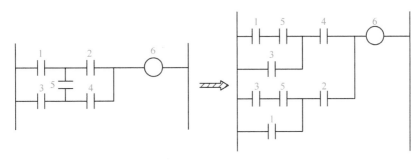

图 2.24　桥式电路的处理

（5）复杂逻辑功能的处理。如果逻辑功能复杂，用 ANB、ORB 等难以处理，可以重复使用一些触点改画出等效梯形图，再进行编程，如图 2.25 所示。

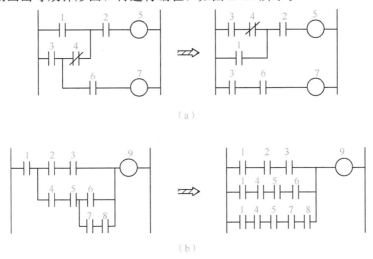

图 2.25　复杂逻辑功能的处理

2.3.2　PLC 执行用户程序的过程分析

PLC 是以循环扫描的方式执行程序的，如果不考虑每个扫描周期中其他的工作阶段，只考虑对用户程序的执行过程，模拟实际系统中出现的输入信号顺序及 I/O 暂存器和梯形图中的逻辑关系，对用户程序的执行进行分析，可得到 I/O 暂存器中各个输出点在不同扫描周期内的状态变化情况。此方法可用于对所编程序的控制顺序进行分析和检验，称为用户程序的 I/O 状态分析法。这种分析方法如图 2.26 所示。

在扫描执行程序的每个周期内，将该周期中的输入状态和上一个周期中的输出状态作为已知条件带入到各个梯级的逻辑表达式中进行运算，便可以得到本周期的各个输出状态，在每个扫描周期都依次分析下去，最后可以得到 4 个扫描周期结束后的输出状态。把各个周期的输入、输出状态列成表格，可清楚地看到在每个扫描周期内，对应输入信号下的输出状态变化，从而得知逻辑运算正确与否。

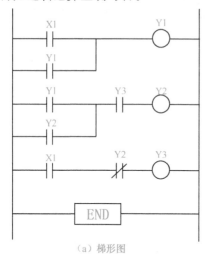

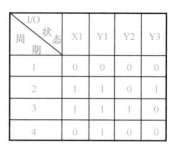

I/O 周期 \ 状态	X1	Y1	Y2	Y3
1	0	0	0	0
2	1	1	1	1
3	1	1	1	0
4	0	1	0	0

（a）梯形图　　　　　　　　　　（b）I/O状态表

图 2.26　用户程序的 I/O 状态分析法

在分析时要注意，首先要将每个周期中输入信号的状态填入表内，并作为输入条件代入第一个梯级进行逻辑运算，运算后得到的输出立即填入表内，给第二个梯级的运算提供相应触点的状态，即上一个梯级的运算结果马上就被下一个梯级使用。

对如图 2.26（a）所示的梯形图采用 I/O 状态分析法，其结果如图 2.26（b）中的 I/O 状态表所示。

【例 2.2】　上升沿检测电路如图 2.27 所示。根据输入信号 X0 的变化情况，分析并画出 M100 的变化波形。设 M100 和 M101 的初始状态为 OFF。

假设在 X0 的上升沿到来之前，X0 为 OFF，M100 和 M101 均为 OFF，其波形用低电平表示。在 X0 的上升沿，X0 为 ON，CPU 扫描执行第一个梯级。因为前一个周期 M101 线圈失电，M101 的动断触点此时为 ON 状态，所以 M100 线圈得电。接着扫描执行第二个梯级，M101 线圈也得电，与此同时 M101 的动断触点断开。

图 2.27　上升沿检测电路

在 CPU 的第二个扫描周期内，虽然 X0 仍为 ON，但是由于在上一个扫描周期 M101 的动断触点已经断开，故此时 M100 线圈断电，所以 M100 线圈得电的时间仅为一个扫描周期，而 M101 线圈的状态和 X0 的状态完全一致。

若将图 2.27 中两个梯级的前后位置交换，在 X0 的上升沿 M101 线圈会首先得电，这样 M101 的动断触点断开，第二个梯级中的 M100 线圈就不会得电，因此在设计梯形图时，如果交换相互有关联的梯级位置，可能会改变程序的执行结果，影响系统的正常运行。但在一般情况下，这样仅会使线圈的得电或失电时间提前或延后一个扫描周期，所以在绝大多数系统中是无关紧要的。

【例 2.3】　上升沿指令的应用电路如图 2.28 所示。根据输入信号 X1 的变化情况，分析并画出 M0 和 Y0 的变化波形。

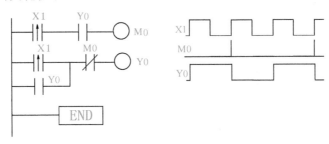

图 2.28 上升沿指令应用电路

假设 Y0 和 M0 的初始状态均为 OFF，在 X1 的第一个上升沿到来时，由于 Y0 的初始状态为 OFF，Y0 动合触点断开，所以执行第一个梯级程序后，M0 线圈断电。在第二个梯级中，由于 M0 的动断触点闭合，故 Y0 满足条件，其线圈得电，与此同时 Y0 的动合触点闭合，实现自保功能。

在 X1 的第二个上升沿到来时，由于此时 Y0 线圈在上一个扫描周期内已实现自保，Y0 的动合触点仍为闭合，故 M0 线圈得电。此时，在第二个梯级中的 M0 动断触点断开，故 Y0 线圈失电。

在 X1 的第三个上升沿到来时，由于在上一个扫描周期中 Y0 已失电，故其动合触点已断开，所以 M0 线圈仍处于失电状态，在第二个梯级中的 M0 动断触点闭合，故 Y0 线圈再次得电。由 Y0 波形图的变化可以看出，这个程序能够实现分频功能，因此采用一个按钮就可以实现设备的启动和停止控制。

习 题 2

2.1 PLC 有哪些类型的编程元件？

2.2 简述 PLC 内部辅助继电器 M 的类型及功能。

2.3 试说明常用特殊辅助继电器的功能。

2.4 简述输入继电器和输出继电器的特点。

2.5 简述主控指令的操作功能及使用注意事项。

2.6 试分析图 2.29 所示的梯形图，画出便于编程的梯形图并写出相应的指令语句。

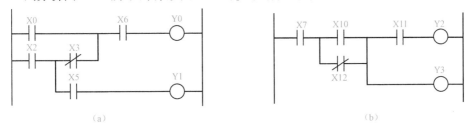

(a)   (b)

图 2.29 题 2.6 梯形图

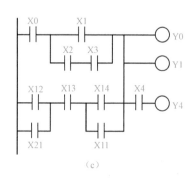

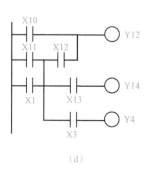

图 2.29　题 2.6 梯形图（续）

2.7　由下列指令语句画出对应的梯形图。

（1）　00 LD X0　　　　07 OR X6

　　　01 OR X1　　　　08 ANB

　　　02 LD X2　　　　09 OR X3

　　　03 AND X3　　　10 AND X7

　　　04 LDI X4　　　　11 OUT Y7

　　　05 AND X5　　　12 END

　　　06 ORB

（2）　00　　LD　　　X0　　04　　LD　　X4　　08　　OR　　M0

　　　01　　OR　　　X1　　05　　AND　X5　　09　　AND　X7

　　　02　　LD　　　X2　　06　　ORB　　　　10　　OUT　Y2

　　　03　　ANI　　X3　　07　　ANB　　　　11　　END

2.8　采用 I/O 状态分析法分析图 2.30 所示的梯形图，假定在第 1 个扫描周期 X1 和 X2 均为 OFF；在第 2 个扫描周期 X1＝ON、X2＝OFF；在第 3 个扫描周期 X1＝OFF、X2＝ON；在第 4 个扫描周期 X1 和 X2 均为 ON；在第 5 个扫描周期 X1 和 X2 均为 OFF。分析 PLC 输出变化的情况并将其填入表格中。

2.9　分析图 2.31 所示的梯形图，根据输入信号 X2 的变化，试画出 Y2 的波形图。

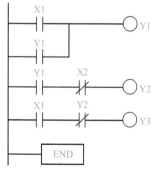

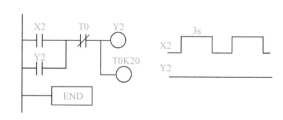

图 2.30　题 2.8 图　　　　　　　　　　　图 2.31　题 2.9 图

2.10 如图 2.32 所示为限时控制程序梯形图。根据输入信号 X5 的变化，试分析并画出定时器 T10 的动合触点及 Y4 的变化波形图。

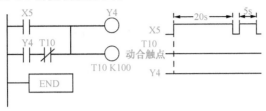

图 2.32 题 2.10 图

2.11 用 PLC 控制三个负载 Y10、Y12 和 Y14，要求在启动信号 X0 闭合后，这三个负载按照图 2.33 所示的波形图变化，试设计控制程序梯形图。

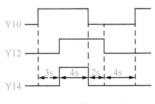

图 2.33 题 2.11 图

第3章 可编程控制器的程序设计

□本章要点

1. 梯形图的经验设计方法。
2. 功能图设计程序的方法。
3. 步进指令的应用。
4. 顺序控制梯形图的编程方法。

PLC 的程序设计是采用编程语言描述控制任务的过程。PLC 程序设计常采用的方法有经验设计方法和顺序功能图法。本章重点讲述采用经验设计方法和顺序功能图法设计 PLC 的控制程序。

3.1 常用基本电路的编程方法

3.1.1 定时器和计数器的编程方法

1. 延时断开电路

如图 3.1 所示为用定时器构成的输入延时断开电路。当输入继电器 X2 为 ON 时，输出继电器 Y3 得电，并由自身的触点自保，同时由于 X2 的动断触点断开，使 T50 线圈不能得电；在 Y3 得电后，输入继电器 X2 为 OFF（动合触点断开）时，其 X2 的动断触点闭合，T50 线圈得电，开始定时，经过 15s 使设定值减为零，T50 的动断触点断开，Y3 线圈断开，实现 Y3 在 X2 为 OFF 的时刻延时了 15s。

2. 延时闭合/断开电路

如图 3.2 所示为延时闭合/断开电路。图中，X0 为启动信号，两个定时器 T50 和 T51 用于 Y4 延时闭合和延时断开的时间控制。当输入信号 X0 为 ON 时，T50 得电，延时 5s 后，T50 的动合触点闭合，Y4 得电且自保；当输入信号 X0 为 OFF 时，其动断触点闭合，T51 线圈得电，延时 5s 后，T51 的动断触点断开，Y4 线圈解除自保并断电。

3. 脉冲发生器电路

如图 3.3 所示为脉冲振荡电路，可以产生 50s 的脉冲信号。当 X0 闭合后，T50 线圈得电，经过 30s 后，其动合触点闭合，T51 线圈得电开始延时，经过 20s 后，T51 触点动作，其动断触点使 T50 线圈失电，T50 动合触点又使 T51 断开，一个周期结束。在一个周期中，T50 的动合触点闭合 20s，断开 30s，而 T51 的动合触点只闭合一个扫描周期的时间。T50 和 T51 动合触点的波形图如图 3.3（b）所示。只要 X0 接通，脉冲振荡电路就一直循环工作，由 Y0 可以观察到 T50 触点的变化。振荡输出一直到 X0 断开才停止工作。

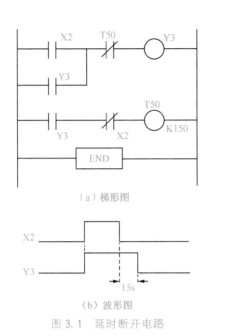

图 3.1　延时断开电路

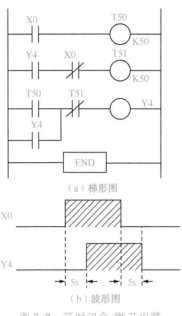

图 3.2　延时闭合/断开电路

4. 定时器和计数器的组合使用

如图 3.4 所示为定时器和计数器的组合使用,该电路可以获得 30000s 的延时。图中 T0 的设定值为 100s,当 X0 闭合时,T0 线圈得电开始计时,延时 100s 后,T0 的动断触点断开,使 T0 自保复位,在 T0 线圈再次得电后又可以开始计时。在电路中,T0 的动合触点每隔 100s 闭合一次,计数器 C0 计一次数,当计到 300 次时,C0 的动合触点闭合,Y1 线圈得电闭合,从而实现 Y1 线圈从 X0 为 ON 时刻起,延时 300×100s 才有输出。X4 用于给计数器复位。

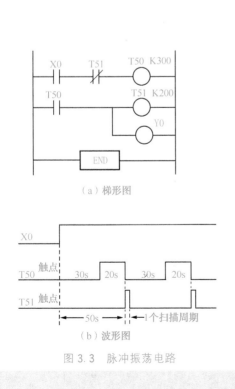

图 3.3　脉冲振荡电路

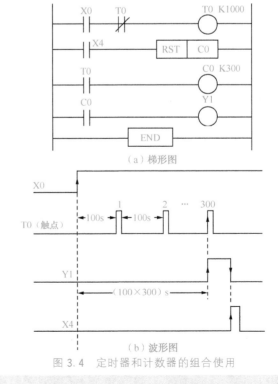

图 3.4　定时器和计数器的组合使用

43

3.1.2 启动、自保、停止控制的编程方法

具有启动、自保、停止功能的电路是 PLC 控制电路最基本的环节，它经常用于对内部辅助继电器和输出继电器进行控制。此电路有启动优先、停止优先两种不同的构成形式，如图 3.5 所示。

1. 启动优先控制方式

在图 3.5（a）中，当启动信号 X0 为 ON 时，无论关断信号 X1 的状态如何，Y0 总被启动，并通过 X1 的动断触点实现自保；当启动信号 X0 为 OFF 时，将停止信号 X1 的动断触点断开，Y0 断电。因为当启动信号 X0 与停止信号 X1 同时作用时，启动信号有效，所以称此电路为启动优先式。此电路常用于报警设备、安全防护及救援设备。它需要准确可靠地启动控制，无论停止按钮是否处于闭合状态，只要按下启动按钮，便可以启动设备。

2. 停止优先控制方式

在图 3.5（b）中，当启动信号 X0 为 ON 时，Y0 得电，通过停止信号 X1 的动断触点使 Y0 得电且自保；当停止信号 X1 的动断触点为 OFF 时，无论启动信号状态如何，Y0 线圈始终失电。由于 X0 与 X1 同时作用时，停止信号有效，所以称此电路为停止优先式。此电路常用于需要紧急停车的场合。

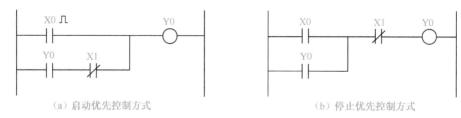

（a）启动优先控制方式　　　　　　　　（b）停止优先控制方式

图 3.5　启动、自保、停止控制方式

3.1.3 互锁及顺序控制的编程方法

1. 互锁控制

在一些机械设备的控制中，经常见到存在某种互为制约的关系，在 PLC 控制电路中一般用反映某一运动的信号去控制另一运动，达到互锁控制的要求。如图 3.6 所示为互锁控制的梯形图，图中为了使 Y1 和 Y2 不能同时得电，将 Y1 和 Y2 的动断触点分别串接在对方的控制电路中，从而实现互锁功能。

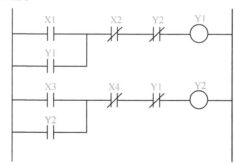

图 3.6　互锁控制梯形图

当 Y1、Y2 中有任何一个启动时，另一个必须为断电状态，即保证任何时刻两者都不能同时启动，达到互锁的控制要求。这种互锁控制方式经常用于控制电动机的正转与反转、机床刀架的进给与快速移动、横梁升降与工作台走动、机床卡具的卡紧与放松等不能同时发生的动作。

2. 顺序控制

如图 3.7 所示为顺序控制梯形图，线圈 Y0 的动合触点串接于线圈 Y1 的控制电路中，线圈 Y1 的得电以 Y0 的接通为条件，只有 Y0 接通才允许 Y1 接通，Y0 关闭后 Y1 也被关闭。只有在 Y0 接通的条件下，Y1 才可以自行启动和停止。

3.1.4 手动及自动控制的编程方法

如图 3.8 所示为自动控制系统的手动控制与自动控制梯形图。输入信号 X0 为系统设置的手动/自动选择开关，当选择手动工作状态时，X0 为 ON 时满足主控指令的执行条件，执行手动控制程序，同时满足跳转执行条件，不执行自动控制程序；相反，当选择自动工作状态时 X0 为 OFF 时不执行手动程序，同时也不满足跳转执行条件，故执行自动控制程序。

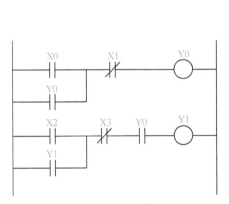

图 3.7 顺序控制梯形图

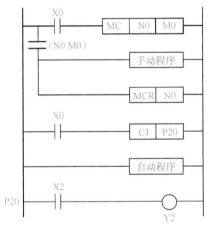

图 3.8 手动控制与自动控制梯形图

3.1.5 顺序步进控制的编程方法

在 PLC 的顺序控制中，经常采用顺序步进控制，使控制系统能按照固定的步骤一步接着一步地执行。选择代表前一个运动的动合触点串联于后一个运动的启动电路中，作为后一个运动的发生条件（约束条件）；同时选择代表后一个运动的动断触点串联于前一个运动的停止电路中，作为关闭条件，从而保证只有在前一个运动发生了之后，才允许后一个运动发生，而一旦后一个运动发生，立即就使前一个运动停止，因此可以实现各个运动严格地按照固定的顺序执行，达到顺序步进控制的目的。如图 3.9 所示为顺序步进控制电路，其中图（a）为采用停止优先控制方式，图（b）为采用启动优先控制方式。

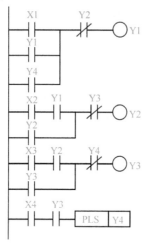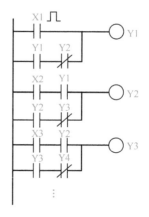

（a）采用停止优先控制方式　　　　　　　（b）采用启动优先控制方式

图 3.9　顺序步进控制电路

3.2　梯形图的经验设计方法

　　经验设计方法实际上是延续了传统的继电器电气控制原理图的设计方法，即在一些典型控制单元电路的基础上，根据受控对象对控制系统的具体要求，采用许多辅助继电器来完成记忆、联锁、互锁等功能。用这种设计方法设计的程序，要经过反复的修改和完善才能符合要求。经验设计方法没有规律可以遵循，具有很强的试探性和随意性，程序的调试时间长，编出的程序因人而异，不规范，会给使用和维护带来不便，尤其会给控制系统的改进带来很多的困难。经验设计方法一般仅适用于简单的梯形图设计，且要求设计者具有丰富的设计经验，要熟悉许多基本的控制单元和控制系统的实例。

3.2.1　电动机的基本控制

1. 电动机正反转控制

　　如图 3.10 所示为具有互锁功能的电动机正反转控制梯形图和 I/O 接线图。

　　PLC 的控制过程为：按下正向启动按钮时，输入继电器 X1 为 ON，输出继电器 Y0 的线圈得电并自保，接触器 KM1 得电吸合，电动机正转，与此同时，Y0 的动断触点断开 Y1 线圈，KM2 不能吸合，实现了电气互锁；停机时按下停止按钮，X0 的动断触点断开，电动机停止运转。当按下反向启动按钮时，X2 为 ON，Y1 线圈得电，KM2 得电吸合，电动机反转，与此同时，Y1 的动断触点断开，使 Y0 线圈失电，KM1 不能吸合，实现了电气互锁；当电动机过载时，热继电器触点 FR 闭合，即 X3 的动断触点断开，使线圈 Y0、Y1 失电，从而使得 KM1、KM2 断电释放，电动机停止。另外，在 PLC 的输出端还连接有交流接触器 KM 的硬件互锁电路和急停开关 SB，如图 3.10（b）所示。

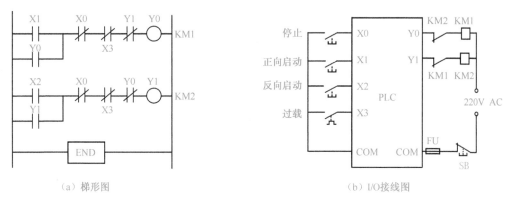

图 3.10 电动机正反转控制

2. 两台电动机顺序启动控制

如图 3.11 所示为两台电动机顺序启动控制的梯形图和 I/O 接线图。图中，由接触器 KM1、KM2 分别控制电动机 1 和电动机 2，X2 和 X3 分别与两台电动机的过载保护热继电器连接，SB 为外部急停开关。

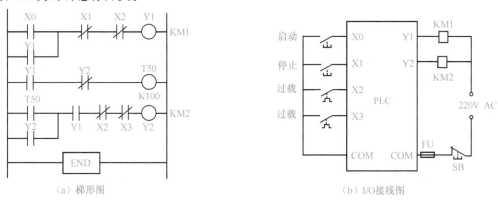

图 3.11 两台电动机顺序启动控制

PLC 的控制过程为：当按下启动按钮，输入继电器 X0 为 ON 时，输出继电器 Y1 的线圈得电并自保，接触器 KM1 得电启动电动机 1，同时 Y1 的动合触点闭合，定时器 T50 开始计时，10s 延时时间到，T50 的动合触点闭合，Y2 线圈接通并自保，KM2 得电吸合启动电动机 2，实现顺序启动两台电动机，而且只有 Y1 先启动，Y2 才能启动；当按下停止按钮时，X1 动断触点断开，Y1 失电，Y1 的动合触点断开使 Y2 也失电，两台电动机立即停止；当 Y1 过载时，X2（热继电器 1）的动断触点断开，两台电动机均停止；如果出现 Y2 过载，则 X3（热继电器 2）的动断触点动作，KM2 失电，电动机 2 停止转动，但电动机 1 仍然继续运行。

3. 某锅炉的鼓风机和引风机的启动/停止控制

某锅炉的鼓风机和引风机的启动/停止控制时序图如图 3.12（a）所示。要求在启动时，鼓风机比引风机晚 12s 启动，在停止时，引风机比鼓风机晚 15s 停机，采用经验设计法设计的梯形图如图 3.12（b）所示。

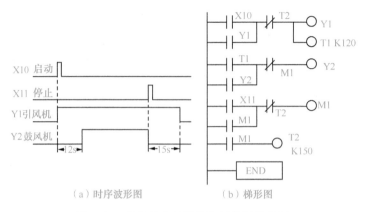

（a）时序波形图　　　（b）梯形图

图 3.12　某锅炉的鼓风机和引风机的控制

鼓风机和引风机的启动/停止控制过程为：当启动按钮闭合（X10＝ON）时，Y1 得电，引风机工作且同时驱动定时器 T1，当 12s 延时时间到来时，Y2 得电，鼓风机工作；当停止按钮闭合（X11＝ON）时，M1 的动断触点使 Y2 立即失电，鼓风机停止工作，同时驱动定时器 T2，当 15s 延时时间到来时，引风机停止工作。

3.2.2　声光报警器的控制

如图 3.13 所示为某报警系统的梯形图。该控制程序可以实现声光报警功能，并具有手动检查报警指示灯是否正常、蜂鸣器消音和改变报警指示灯状态的功能。M8013 为内部特殊继电器（1s 时钟发生器）。

I/O 地址分配如表 3.1 所示。

表 3.1　I/O 地址分配

输　入　信　号		输　出　信　号	
报警输入信号	X0	报警指示灯驱动	Y0
报警灯检查输入	X1	蜂鸣器驱动	Y1
蜂鸣器复位输入	X2		

报警控制原理如下所述。

（1）在没有报警信号输入时，手动操作使 X1 为 ON，Y0 线圈得电，控制其端口上的报警显示器点亮，所以 X1 为报警显示器的检查开关。

（2）当有报警信号时，X0 为 ON，则 M100 线圈得电，其动合触点闭合，使第三个梯级中的 1s 脉冲时钟信号 M8013 通过输出端 Y0 驱动报警显示器点亮（按 1s 频率闪烁），同时 Y1 端蜂鸣器发声，实现声光报警功能。

（3）操作蜂鸣器复位按钮使 X2 为 ON，M101 线圈得电，M101 的动合触点闭合，报警指示灯由闪烁变为常亮状态，M101 的动断触点断开，Y1 端的蜂鸣器消音。

（4）当报警信号解除（X0 为 OFF），且蜂鸣器复位按钮复位（X2 为 OFF）时，电路恢复到初始状态。

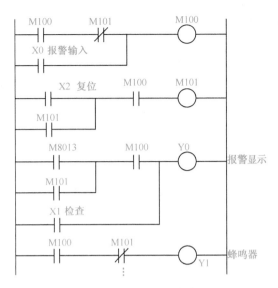

图 3.13 某报警系统的梯形图

3.3 步进指令及编程方法

3.3.1 顺序控制功能图

顺序控制功能图适用于顺序控制系统的程序设计。顺序控制功能图设计程序的方法易被初学者接受，设计的程序规范、直观，易阅读，也便于修改和调试。FX 系列 PLC 专为功能图程序设计设置了步控指令编程，其目标元件是状态器 S。

对一个顺序控制系统采用功能图设计程序时，首先要按照控制系统的具体要求，画出其相应的功能图，再利用步进指令将功能图转换成相应的梯形图，由梯形图便可直接读出指令语句。

1. 功能图的基本形式

功能图是一种用于描述顺序控制系统的图形说明语言，它由步、转移条件及有向线段组成。

（1）步。功能图中的"步"是控制过程中的一个特定状态。步分为初始步和工作步，分别用双线方框和单线方框表示，在每一步中要完成一个或多个特定的动作，可以用文字或符号表示。初始步表示一个控制系统的初始状态，所以一个控制系统必须有一个初始步，初始步可以没有具体要完成的动作。

（2）转移条件。步与步之间用"有向线段"连接，在有向线段上用一个或多个小短横线表示一个或多个转移条件，当条件得以满足时，可以实现由前一步"转移"到下一步的控制（由完成前一步的动作，转移到执行下一步的动作）。为了确保控制系统严格地按照顺序执行，步与步之间必须有转移条件。采用步进指令编程时，可以保证满足转移条件时，转移到下一步执行，并同时自动关闭上一步的动作。

（3）转移条件的标注。转移条件是保证控制系统从一步向另一步转移的必要条件，通常用文字、逻辑方程及符号表示。在功能图中常用的符号有以下三种。

① "&"表示转移条件中各因素之间的"与"逻辑关系。

② "≥"表示转移条件中各因素之间的"或"逻辑关系。

③ "＝1" 表示转移条件永远成立。

2. 功能图的构成规则

（1）画功能图时，首先要根据控制系统的具体要求，将控制系统的工作顺序分为若干步，并确定其相应的动作。

（2）步与步之间用有向线段连接，当系统的控制顺序是从上到下时，可以不标注箭头，若控制顺序是从下到上执行，则必须要标注箭头。

（3）找出步与步之间的转移条件。

（4）确定初始步，用于表示顺序控制的初始状态。

（5）系统结束时一般是返回到初始状态。

3. 功能图的形式

功能图可以分为 4 种形式：单一顺序、选择顺序、并发顺序、跳转与循环顺序，如图 3.14 所示，其中图（b）、（c）和（d）未画出各步所完成的动作。

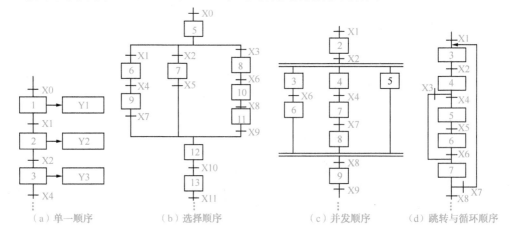

（a）单一顺序　　（b）选择顺序　　（c）并发顺序　　（d）跳转与循环顺序

图 3.14　功能图的形式

（1）单一顺序。单一顺序所表示的动作顺序是一步接一步地完成，每步连接着转移，转移后面也仅连接一个步。

（2）选择顺序。选择顺序用单水平线表示。选择顺序是指在一步之后有若干个单一顺序等待选择，而一次仅能选择一个单一顺序。为了保证一次仅选择一个顺序，即选择的优先权，必须对各个转移条件加以约束。选择顺序的转移条件应标注在单水平线以内。

（3）并发顺序。并发顺序用双水平线表示。双水平线表示若干个顺序的同时开始和结束。并发顺序是指在某一转移条件下，同时启动若干个顺序，完成各自相应的动作后，同时转移到并行结束的下一步。并发顺序的转移条件应标注在两个双水平线以外。

（4）跳转与循环顺序。跳转与循环顺序表示顺序控制跳过某些状态和重复执行。功能图中的跳转和循环用箭头区分，带箭头的表示循环执行。

4. 功能图设计举例

【例 3.1】　送料小车循环运行的功能图设计。

如图 3.15 所示为某送料小车工作示意图，小车可以在 A、B 两地之间前进启动和后退启动，在 A、B 两处分别装有后限位开关和前限位开关，小车在 B 处停车时要延时 10s 再返回。

（1）控制要求。在初始状态下，按下前进启动按钮，小车由初始状态前进，当小车前进至前限位时，前限位开关闭合，小车暂停，延时 10s 后小车后退，后退至后限位时，后限位开关闭合，小车又开始前进，……，如此循环工作下去。

图 3.15 送料小车工作示意图

（2）PLC 的 I/O 地址分配如表 3.2 所示。

表 3.2 PLC 的 I/O 地址分配

输 入 信 号		输 出 信 号	
前进启动按钮	X0	前进	Y0
后退启动按钮	X1	后退	Y1
停止按钮	X2		
前限位行程开关	X3		
后限位行程开关	X4		

（3）功能图的设计。送料小车的工作循环过程分为前进、延时、后退 3 个工步，其功能图如图 3.16 所示，图中采用特殊辅助继电器 M8002 作为 PLC 上电后初始步的进入条件。

在前面所述的控制要求中再补充 3 条：

① 小车在前进步时，如果按下停止按钮（X2＝ON），则小车回到初始状态。

② 在初始状态时，如果按下后退按钮（X1＝ON），则小车由初始状态直接到后退状态，然后按照后退→前进→延时→后退的顺序执行。

③ 小车在后退时，如果按下停止按钮（X2＝ON），则转移到初始状态，后退步停止。

加入补充的 3 条控制要求后，其功能图如图 3.17 所示。

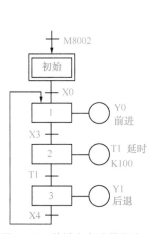

图 3.16 送料小车功能图之一

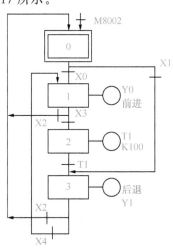

图 3.17 送料小车功能图之二

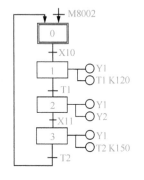

图 3.18 鼓风机和引风机的
控制功能图

【例 3.2】 锅炉鼓风机和引风机的功能图设计。

根据图 3.12 所示的锅炉鼓风机和引风机的工作时序图，设计的功能图如图 3.18 所示。首先采用 M8002 控制进入功能图的第 0 步初始步，当启动开关 X10 闭合为 ON，转移到第 1 步时，首先启动引风机（Y1），并同时驱动定时器 T1 计时。当 12s 延时时间到时，在引风机工作的基础上，又启动鼓风机工作（Y2），此时鼓风机和引风机进入运行状态，只要不闭合停止开关，X11 就一直为 OFF，第 2 步就不会关闭，也不能进入第 3 步，此状态将一直维持下去。直到闭合停止开关使 X11 为 ON，状态转移到第 3 步（关闭第 2 步），鼓风机停止运行，并同时计时，当 15s 延时时间到时，状态转移到初始步，引风机又停止运行。一次启动/停止控制动作结束，等待下一次启动操作。

3.3.2 步进指令的应用

1. 步进指令及步进梯形图

FX 系列 PLC 有两条步进指令：STL 和 RET。采用步进指令编程，不仅可以大大简化 PLC 程序设计的过程，降低编程的出错率，还可以提高系统控制的及时性。

步进指令 STL（Step Ladder Instruction）用于状态器 S 的动合触点（不用动断触点）与母线的连接。状态器 S 采用步进指令编程时，其触点称为 STL 触点，在梯形图中用双线表示。FX2N 系列 PLC 状态器的编号为 S0～S899，共 900 点；FX0N 系列 PLC 状态器的编号为 S0～S127，共 128 点。

RET（Return）用于步进触点返回母线（步进指令使用结束）。

2. 步进指令使用注意事项

（1）STL 触点闭合后，与此相连的电路就可以执行，在 STL 触点断开时，与此相连的电路停止执行。STL 触点由接通转为断开，要执行一个扫描周期。

（2）STL 步进指令仅对状态器 S 有效，但是状态器也可以作为一般的辅助继电器使用，对其采用 LD、LDI、AND 等指令编程，作为一般的辅助继电器使用时，状态器的编号不变，但在梯形图中其触点应采用单线触点的形式表示，不能用步进指令编程。

（3）STL 和 RET 要求配合使用。这是一对步进（开始和结束）指令。在一系列步进指令 STL 后，加上 RET 指令，表明步进指令功能结束，LD 点返回到原来的母线。

采用步进指令进行程序设计时，其对应的是步进（STL）功能图和步进（STL）梯形图。步进指令的用法如图 3.19 所示。假设图中 S22 被置位，S22 的触点为 ON，Y2 得电，Y2 采用 OUT 指令驱动；当满足转移条件 X2（X2＝ON）时，S23 采用 SET 指令置位，状态就由 S22 转移到 S23，此时 S23 的触点为 ON，Y3 线圈得电，同时 S22 自动复位。

3. 步进指令使用说明

（1）STL 用于状态器 S 的动合触点，其触点可以直接或通过其他触点去驱动 Y、M、S、T 等元件的线圈，使之复位或置位，但 STL 触点本身只能用 SET 指令驱动。

（2）STL 指令完成的是步进功能，所以当后一个触点闭合时，前一个触点便自动复位，因此在 STL 触点的电路中允许双线圈输出。

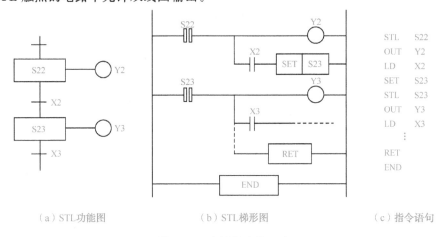

|(a) STL功能图|(b) STL梯形图|(c) 指令语句|

图 3.19 步进指令的用法

（3）STL 指令在同一个程序中对同一状态器只能使用一次，说明控制过程中同一状态器只能出现一次。

（4）在时间顺序步进控制电路中，只要不是相邻的步进工序，同一个定时器可在多个步进工序中使用，这样可以节省定时器。

4. STL 功能图与梯形图的转换

采用步进指令进行程序设计时，首先要设计系统的功能图，然后再将功能图转换成梯形图，写出相应的指令语句。将功能图转换成梯形图时，首先要注意初始步的进入条件。初始步一般由系统的结束步控制进入，以实现顺序控制系统连续循环动作的要求，但是在 PLC 初次上电时，必须采用其他的方法预先驱动初始步，使之处于工作状态。在图 3.20 中采用特殊辅助继电器 M8002 实现初始步 S0 的置位。STL 功能图和梯形图的转换如图 3.20（a）、（b）所示，STL 梯形图所对应的指令语句如图 3.20（c）所示。这里要注意的是，在第二个梯级中 S0 和 X000 虽为串联连接方式，但对 X000 要采用 LD 指令编程。

对于初始状态器之外的状态器必须在前一状态执行后，才能用 STL 指令驱动，不能脱离执行顺序用其他的方式驱动。

5. 多流程步进控制的处理方法

在顺序控制系统中，经常遇到选择顺序、并发顺序、跳转与循环顺序及它们三者的结合，在这里将这些情况统称为多流程步进控制。

（1）选择顺序的 STL 梯形图。如图 3.21 所示为选择顺序的 STL 功能图和梯形图，图中 X1 和 X4 为选择转换条件。当 X1 闭合时，S21 状态转向 S22；当 X4 闭合时，S21 状态转向 S24，但 X1 和 X4 不能同时闭合；当 S22 或 S24 置位时，S21 自动复位。状态器 S26 由 S23 或 S25 置位，当 S26 置位时，S23 或 S25 自动复位。

（2）并发顺序的 STL 梯形图。如图 3.22 所示为并发顺序的 STL 功能图和梯形图，图中当转换条件 X1 闭合时，S22 和 S24 同时置位，两个分支同时执行各自的步进流程，S21 自动复位；当 X2 闭合时，状态从 S22 转向 S23，S22 自动复位；当 X3 闭合时，状态从 S24 转向 S25，S24 自动复位。当 S23 和 S25 置位后，若 X4 闭合，则 S26 置位，而 S23 和 S25 同时自动复位。连续使用 STL 指令次数不能超过 8 次，即并联分支最多不能超过 8 个。

使用步进指令编程时要注意，步状态 S 的双线触点只能用 STL 指令，所以对于图（b）中 S23 和 S25 的串联连接方式，不能采用与逻辑指令编程。

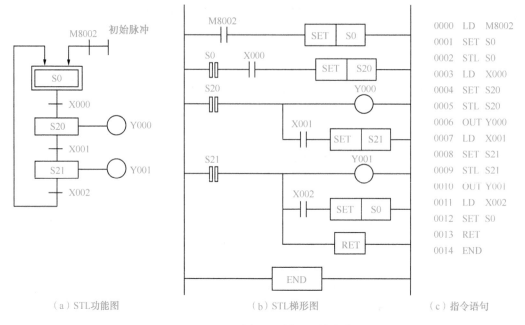

（a）STL功能图　　　（b）STL梯形图　　　（c）指令语句

图 3.20　STL 功能图与梯形图的转换

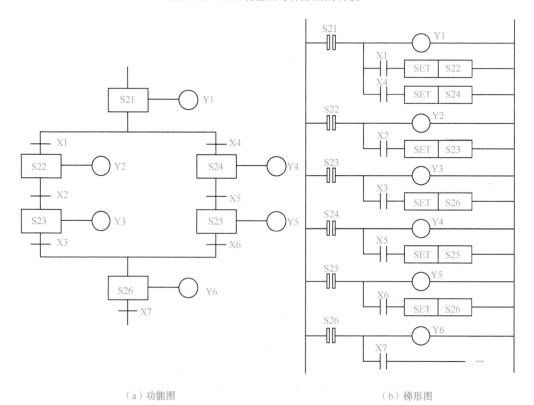

（a）功能图　　　　　　（b）梯形图

图 3.21　选择顺序

0000	STL	S21	0009	SET	S23	0018	STL	S25
0001	OUT	Y1	0010	STL	S23	0019	OUT	Y5
0002	LD	X1	0011	OUT	Y3	0020	LD	X6
0003	SET	S22	0012	LD	X3	0021	SET	S26
0004	LD	X4	0013	SET	S26	0022	STL	S26
0005	SET	S24	0014	STL	S24	0023	OUT	Y6
0006	STL	S22	0015	OUT	Y4	0024	LD	X7
0007	OUT	Y2	0016	LD	X5		⋮	
0008	LD	X2	0017	SET	S25			

（c）指令语句

图 3.21 选择顺序（续）

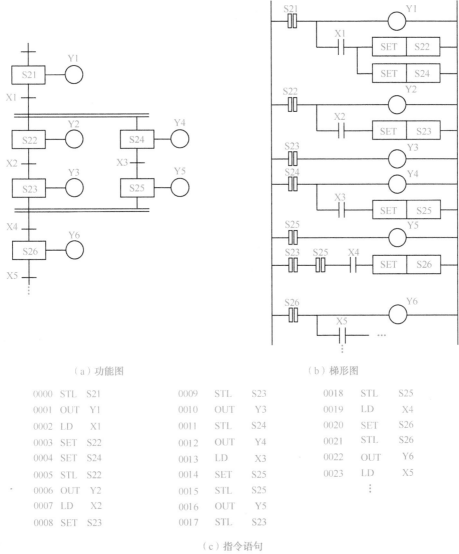

（a）功能图   （b）梯形图

0000	STL	S21	0009	STL	S23	0018	STL	S25
0001	OUT	Y1	0010	OUT	Y3	0019	LD	X4
0002	LD	X1	0011	STL	S24	0020	SET	S26
0003	SET	S22	0012	OUT	Y4	0021	STL	S26
0004	SET	S24	0013	LD	X3	0022	OUT	Y6
0005	STL	S22	0014	SET	S25	0023	LD	X5
0006	OUT	Y2	0015	STL	S25		⋮	
0007	LD	X2	0016	OUT	Y5			
0008	SET	S23	0017	STL	S23			

（c）指令语句

图 3.22 并发顺序

（3）有局部循环的 STL 梯形图。如图 3.23 所示的 STL 梯形图，采用计数器来控制程序中的循环操作次数，在状态器 S24 置位后，计数器计数。当 C10 未计满 10 次且 X4 闭合时，S24 状态循环到 S22，此状态循环 10 次后 C10 动作，即 C10 的动合触点闭合，若 X5 也闭合，则状态循环结束，S25 被置位，Y5 线圈得电，S24 自动复位，C10 也被复位。

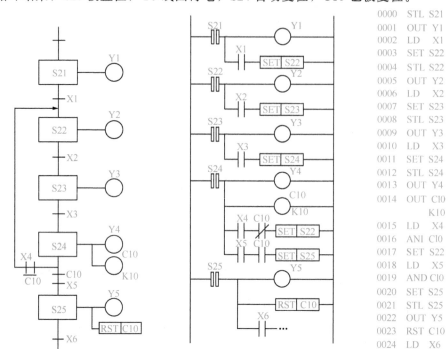

（a）STL功能图　　　　　　（b）STL梯形图　　　　　　（c）指令语句

图 3.23　用计数器控制循环操作次数

3.4　控制程序的设计举例

3.4.1　顺序运动的控制程序设计

1. 往返运动控制

（1）采用经验法设计控制程序。

① 控制要求。如图 3.24 所示为小车往返运动控制工作过程示意图和梯形图。控制过程为：小车的初始状态为中间点，原位限位开关 X0 为 ON。按下启动开关 X3，小车右行，运动到右限位开关（X1）闭合，自动转为左行，运动到左限位开关（X2）闭合，又转为右行，……，如此循环工作下去。当按下停止按钮（X4＝ON）时，小车要运行到初始位置（X0＝ON）才能停止运行。

② I/O 地址分配。I/O 地址分配如表 3.3 所示。

③ 程序梯形图。程序梯形图如图 3.24（b）所示。小车启动（X3＝ON）后，Y0 得电且自保，小车右行，运行到右限位开关闭合（X1＝ON）时，Y0 断电，Y1 得电且自保，小车左行，当左行到左限位开关闭合（X2＝ON）时，Y1 断电，同时 Y0 得电又转入右行；当按下停止按钮（X4＝ON），且小车在原位（X0＝ON）时，M0 线圈才能得电，M0 的动断触点断开，Y0、Y1 均断电，小车停止运行。

表 3.3　I/O 地址分配

输入信号		输出信号	
原位限位开关	X0	右行	Y0
右限位开关	X1	左行	Y1
左限位开关	X2		
启动按钮	X3		
停止按钮	X4		

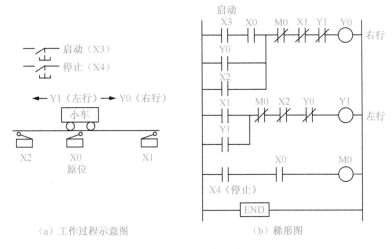

（a）工作过程示意图　　　　　　（b）梯形图

图 3.24　小车往返运动控制（经验法设计程序）

（2）采用功能图设计控制程序。

① 功能图设计。小车往返运动控制的功能图如图 3.25（a）所示。采用 M8002 进入控制程序的初始步。S0 为一等待步，没有要完成的动作，当小车处于原位时（X0＝ON），闭合启动开关（X3＝ON），转移到 S20 步。控制小车右行，右行至右限位开关闭合（X1＝ON），转移到 S21 步，控制小车左行，直至左限位开关闭合（X2＝ON），状态转移到 S20 步，又继续开始右行，……，一直循环运行下去。在小车右行的过程中，只要停止开关闭合（X4＝ON），小车运行到原位就会停止。同样，在小车左行的过程中，当按下停止开关时，小车运行到原位时也会停止下来。

② STL 梯形图设计。根据步进指令的规则，将小车往返运动控制的功能图转换成相应的梯形图，如图 3.25（b）所示，指令语句如表 3.4 所示，图中 ZRST 为步状态器 S 的区间复位指令。

表 3.4　指令语句表

步序号	助记符	操作数	步序号	助记符	操作数	步序号	助记符	操作数
0000	LD	M8002	0007	STL	S20	0015	OUT	Y1
0001	ZRST	S0	0008	OUT	Y0	0016	LD	X4
		S21	0009	LD	X1	0017	AND	X0
0002	SET	S0	0010	SET	S21	0018	SET	S0
0003	STL	S0	0011	LD	X0	0019	LD	X2
0004	LD	X0	0012	AND	X4	0020	SET	S20
0005	AND	X3	0013	SET	S0	0021	RET	
0006	SET	S20	0014	STL	S21	0022	END	

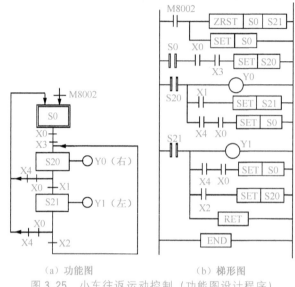

（a）功能图 　　　　　　　　（b）梯形图

图 3.25　小车往返运动控制（功能图设计程序）

2. 皮带运输机的 PLC 控制

皮带运输机广泛地应用于冶金、化工、机械、煤矿、建材等工业生产中。如图 3.26 所示为某原材料皮带运输机的示意图。原材料从料斗经过两台皮带运输机送出，料斗供料由电磁阀 YV 控制，皮带运输机 1、2 分别由交流接触器 KM1、KM2 控制电动机进行拖动。

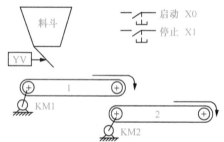

图 3.26　某原材料皮带运输机的示意图

（1）控制过程。

① 初始状态。料斗、皮带 1 和皮带 2 全部处于关闭状态。

② 启动操作。启动时为了避免在前段运输皮带上造成物料堆积，要求逆送料方向按一定的时间间隔顺序启动。启动的顺序为：皮带 2→延时 10s→皮带 1→延时 10s→料斗。

③ 停止操作。停止时为了使运输机皮带上不留剩余的物料，要求顺物料流动的方向按一定的时间间隔顺序停止。停止的顺序为：料斗→延时 10s→皮带 1→延时 10s→皮带 2。

④ 故障停车。在皮带运输机的运行中，若出现皮带 1 过载时，应把料斗和皮带 1 同时关闭，皮带 2 应在皮带 1 停止后 10s 停止。若出现皮带 2 过载，应立即关闭皮带 1、皮带 2 和料斗。

（2）I/O 地址分配如表 3.5 所示。

表 3.5　I/O 地址分配

输 入 地 址		输 出 地 址	
启动按钮	X0	料斗控制 YV	Y0
停止按钮	X1	接触器 KM1	Y1
热继电器	X3	接触器 KM2	Y2
热继电器	X4		

（3）程序设计。如图 3.27 所示为根据皮带传输机控制要求设计的功能图。功能图的控制功能分析如下。

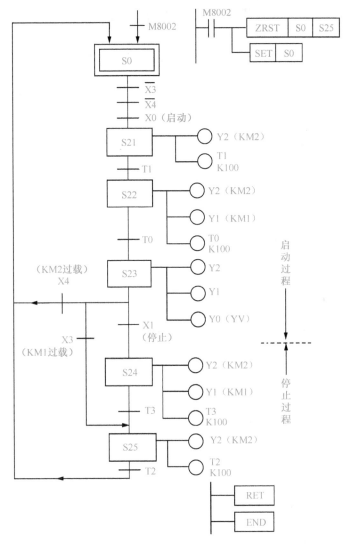

图 3.27　皮带运输机的 PLC 功能图

① 初始化分析。PLC 投入运行，M8002 产生一个初始化脉冲，将全部的步状态器 S0～S25 复位，并将初始步 S0 置位。

② 启动操作过程分析。按下启动按钮，X0 闭合，且 KM1 和 KM2 正常，其热继电器的动断触点 $\overline{X3}$、$\overline{X4}$ 处于闭合状态，系统的状态转移到 S21，Y2 得电，KM2 首先投入运行，T1 同时得电开始延时，10s 后，状态转移到 S22，Y2、Y1 得电（在 KM2 工作的基础上，KM1 也投入运行），同时 T0 得电开始延时，10s 后，状态转移到 S23，Y2、Y1、Y0 全部得电，KM2、KM1、YV 都投入运行，完成全部启动过程。

③ 停止过程分析。按下停止按钮，X1 闭合，状态转移到 S24，Y0 断开，YV 停止运行，同时 T3 开始计时，延时 10s 后，状态转移到 S25，Y1 断开，KM1 停止运行，同时 T2 开始计时，延时 10s 后，状态转移到 S0，Y2 断电，KM2 停止运行，完成全部停止过程并准备好下次启动。

④ 过载保护分析。运输机在运行过程中若出现 KM2 过载，则 KM2 的热继电器触点 X4 闭合，状态转移到 S0，此时动断触点 $\overline{X4}$ 断开，禁止 S0 转移，所以全部输出断开，KM2、KM1、YV 停止运行，直到 KM2 的热继电器复位时，其动断触点 $\overline{X4}$ 闭合，才可以再次启动。

运行中若出现 KM1 过载，则 KM1 的热继电器触点 X3 闭合，状态转移到 S25，Y0、Y1 失电，料斗和皮带1同时被关闭，同时 T2 开始计时，延时10s后，状态转移到初始状态 S0，Y2 失电，皮带2停止运行，直到 KM1 的热继电器复位时，动断触点 $\overline{X3}$ 闭合，皮带又可以再一次启动。如果考虑在启动过程中电动机也可能发生过载现象，则可以在 S21 和 S22 步的后面补充加入过载保护功能。

将功能图转换成相应的梯形图，如图 3.28 所示。

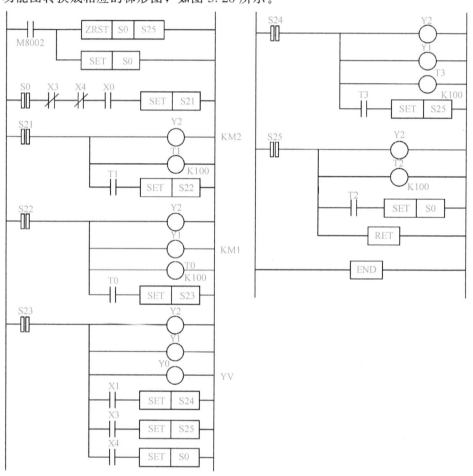

图 3.28　皮带运输机的 PLC 梯形图

3.4.2　化工生产的液体混合控制

1. 两种液体混合控制装置

设有两种液体 A 和 B，在容器内按照一定的比例进行混合搅拌，两种液体混合装置的结构示意图如图 3.29 所示。其中，SQ1、SQ2 和 SQ3 为液位传感器，传感器在液位淹没时为 ON，浮出时为 OFF。YV0、YV1 和 YV2 为电磁阀，在 PLC 的 Y0、Y1、Y2 端的输出信号为 ON 时阀门打开，为 OFF 时阀门关闭。KM 为控制搅拌机的交流接触器。

（1）控制要求。

① 初始状态。各个阀门及搅拌机均为关闭状态，容器是空的。

② 接通电源后，首先打开阀门 C，20s 后关闭。

③ 启动操作。闭合启动开关，阀门 YV0 打开，放入 A 液体直至淹没传感器 SQ2，关闭阀门 YV0；打开阀门 YV1，放入 B 液体直至淹没 SQ1，关闭阀门 YV1；打开搅拌机，搅拌 60s；关闭 KM，再打开 YV2，放出混合液体 C，直至 SQ3 浮出液面；再继续延时 20s，关闭 YV2。

④ 停止操作。闭合停止开关，系统将当前周期的液体混合操作处理完毕，回到初始状态才停止工作。

（2）I/O 地址分配。I/O 地址分配如表 3.6 所示。

表 3.6　I/O 地址分配

输 入 地 址		输 出 地 址	
启动按钮	X0	YV0 电磁阀	Y0
停止按钮	X1	YV1 电磁阀	Y1
高位液位传感器	X2	YV2 电磁阀	Y2
中位液位传感器	X3	KM 搅拌机	Y3
低位液位传感器	X4		

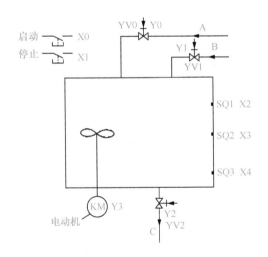

图 3.29　两种液体混合装置的结构示意图

（3）程序设计。

① 采用经验法设计程序。采用经验法设计的梯形图如图 3.30 所示。程序的控制功能分析如下所述。

接通电源后，在 PLC 上电后的第一个扫描周期，利用 M8002 初始化脉冲首先使 M21 线圈得电，M21 的动合触点闭合，Y2 得电且自保，控制阀门 YV2 打开，延时 20s 后，关闭阀门 YV2。

启动开关闭合（X0＝ON）后，M20 线圈得电且自保，其动合触点闭合，按照系统的控制要求进行控制，梯形图的顺序为 Y0→Y1→Y3、T0→Y2→T1，若未按下停止开关（X1＝

OFF），当 T1 延时时间到时，T1 的动合触点闭合，又使 M20 线圈得电且自保，M20 的动合触点闭合，自动进入液体混合的下一个工作周期。

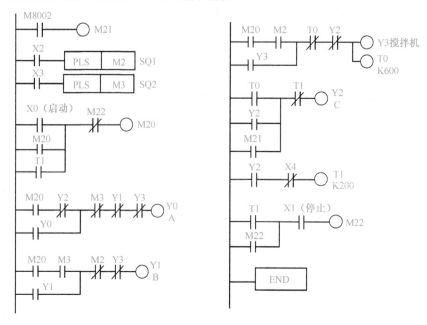

图 3.30　液体混合处理控制程序（经验法设计程序）

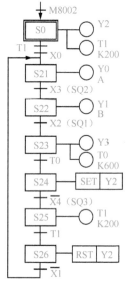

图 3.31　液体混合处理功能图

停止开关 X1 安排在梯形图的最后一个梯级中，当停止开关闭合后，只有在程序执行到最后一个梯级时，M22 线圈得电，M22 的动断触点断开，使 M20 线圈失电，M20 的动合触点断开，不能继续执行，停留在初始状态。

在停止开关 X1 复位后，M22 的动断触点闭合后，才可以再次启动。

② 采用功能图设计程序。如图 3.31 所示为液体混合处理的功能图。图中采用 M8002 初始化脉冲进入初始步 S0，实现 PLC 上电后首先控制 Y2 得电，YV2 阀门打开，经过 20s 时间放出残余混合液体 C。启动开关闭合后，执行到 S21 步，驱动 Y0 控制阀门 YV0 打开，放入 A 液体，淹没 SQ2 后，驱动 Y1 打开 YV1，放入 B 溶液……，按照功能图的顺序执行，直至搅拌机工作 60s 后，到 S24 步给 Y2 置位，打开阀门 YV2，放出混合液体 C，当液位传感器 SQ3 浮出液面时，X4 为 OFF，其动断触点闭合，转移到 S25 步，继续延时 20s 后给 Y2 复位，即关闭阀门 YV2。

若未闭合停止开关，则可继续循环执行到 S21 步，若停止开关已闭合（X1 为 ON），则只能停留在本周期动作完成的状态，不能继续进行下一周期的循环工作，在停止开关复位后，可自动进入下一周期的运行。

将功能图按照步进指令的使用规则转换成 STL 梯形图，如图 3.32 所示。

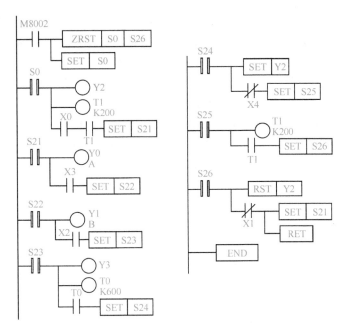

图 3.32　液体混合处理 STL 梯形图

2. 化工生产的液体混合控制

某化工生产的一个化学反应过程是在 4 个容器中进行的，如图 3.33 所示。化学反应中的各个容器之间用泵进行输送，每个容器都装有液位传感器，用于检测容器中液体的空和满，$2^\#$ 容器装有加热器和温度传感器，$3^\#$ 容器装有搅拌器。当 $1^\#$、$2^\#$ 容器里的液体抽入到 $3^\#$ 容器时，启动搅拌器。$3^\#$ 容器的容积是 $1^\#$、$2^\#$ 容器容积的总和，$1^\#$、$2^\#$ 容器的液体可以将 $3^\#$ 容器装满，$3^\#$ 和 $4^\#$ 容器之间装有过滤器。

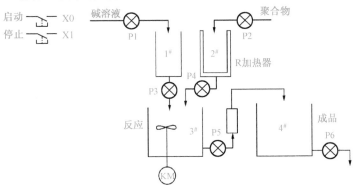

图 3.33　化学反应装置示意图

（1）工作过程及控制要求。

① 初始状态。容器全部是空的，泵 P1～P6 全部关闭，$2^\#$ 容器的加热器关闭，$3^\#$ 容器的搅拌器关闭。

② 启动操作。按下启动按钮后，要求按以下步骤自动工作。

a. 同时打开泵 P1、P2，碱溶液进入 $1^\#$ 容器，聚合物进入 $2^\#$ 容器，直到 $1^\#$、$2^\#$ 容器装满。

b. 关闭泵 P1 和 P2，打开加热器 R，给 2# 容器加热，直到容器内的温度达到 60℃。

c. 关闭加热器 R，并同时打开泵 P3、P4 及搅拌器，将 1# 和 2# 容器中的液体抽入到 3# 容器，直到 1#、2# 容器放空，3# 容器装满，搅拌器搅拌 60s 后结束。

d. 关闭搅拌器，关闭泵 P3、P4，打开泵 P5，将 3# 容器内混合好的液体经过过滤器抽入到 4# 容器，直到 3# 容器放空，4# 容器装满。

e. 关闭泵 P5，打开泵 P6 将产品从 4# 容器中放出，直到 4# 容器放空为止。

③ 停止操作。在任何时候按下停止操作按钮后，控制系统都要将当前的化学反应过程进行到底（最后一步），才能停止动作返回到初始状态，以防止浪费液体。

（2）I/O 地址分配。I/O 地址分配如表 3.7 所示。

表 3.7 I/O 地址分配

输入信号		输出信号	
启动	X0	泵 P1	Y0
停止	X1	泵 P2	Y1
1# 满	X2	加热器 R	Y2
1# 空	X3	泵 P3	Y3
2# 满	X4	泵 P4	Y4
2# 空	X5	搅拌器 KM	Y5
3# 满	X6	泵 P5	Y6
3# 空	X7	泵 P6	Y7
4# 满	X10		
4# 空	X11		
温度传感器	X12		

（3）功能图的设计。根据上述工作过程的分析，可以画出控制系统的功能图，如图 3.34 所示。图中含有两个并发顺序，采用步控指令编程，图中的特殊辅助继电器 M8002 将步状态器 S0～S32 进行复位，并将初始步 S0 置位。

（4）梯形图的设计。将图 3.34 所示的功能图转换成梯形图，如图 3.35 所示。参考图 3.35 所示梯形图可写出其相应的指令语句表。

（5）在图 3.34 中停止按钮 X1 为带自锁功能的按钮。本节内容仅为 STL 指令的编程学习设置，对于一个完整的控制程序设计，还要解决很多实际问题，因此需要采用 IST 置初始状态指令（第 4 章内容）进行编程。

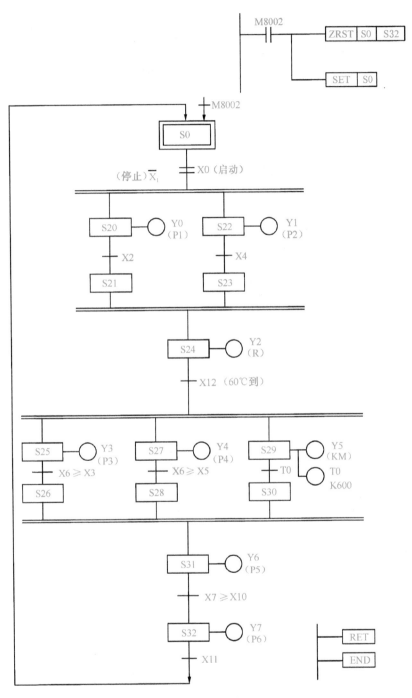

图 3.34 化学反应控制功能图

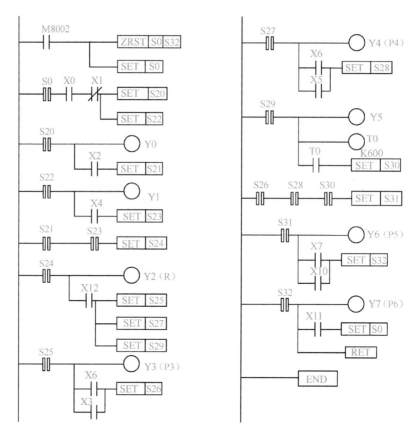

图 3.35　化学反应控制梯形图

习　题　3

3.1　将如图 3.36 所示的 STL 功能图转换成 STL 梯形图，并写出指令语句。

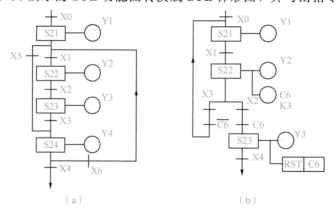

图 3.36　题 3.1 图

3.2　已知梯形图如图 3.37 所示，设 M0、M1、Y0 的初始状态均为 OFF，试分析梯形图原理并根据 X0 的变化画出相对应的时序波形图。

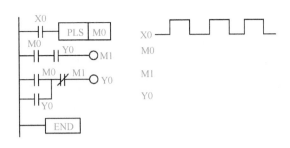

图 3.37　题 3.2 图

3.3　采用经验法设计满足图 3.38 所示时序波形图的梯形图。

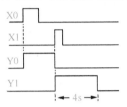

图 3.38　题 3.3 图

3.4　定时器和计数器的使用程序如图 3.39 所示。自行设计输入信号 X0 和 X1 的变化，并画出相对应的输出 Y0 的波形图。

3.5　Y1、Y2 和 Y3 为 PLC 的控制负载，要求采用步进指令编程，设计程序功能图及 STL 梯形图，具体的控制要求为：

（1）启动按钮闭合后，驱动 Y1 工作 3s 后自动断开，再驱动 Y2 工作 2s 后自动断开，接着再驱动 Y3 工作 4s 后断开。

（2）在以上设计的基础上，再根据图 3.40 所示的波形图补充完善程序设计。

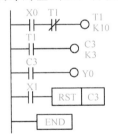

图 3.39　题 3.4 图

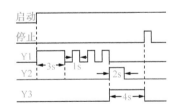

图 3.40　题 3.5 图

3.6　某矿场采用的是离心式选矿机，如图 3.41 所示是离心式选矿机选矿工作示意图。控制系统的要求如下：

（1）在任何时候按下停车按钮，当前进行的选矿工艺过程都要进行到底，才能停止工作，这样可以减少浪费，同时在下一次工作时可以从头开始，做到工作有序。

（2）按下启动按钮，选矿开始，首先打开断矿阀 A，矿流进入离心式选矿机。

（3）180s 后装满选矿机，关闭断矿阀，暂停 4s。

（4）启动离心式选矿机和分矿阀 B（使精矿和尾石分开），运行 25s。

（5）关闭分矿阀 B，同时离心式选矿机也停止旋转。

（6）暂停 4s 后，再打开冲矿阀 C 进行冲水。

（7）2s 后关闭冲矿阀 C，暂停 4s。

（8）再继续打开断矿阀 A，矿流进入离心式选矿机，进入下一个工作过程。

试根据以上控制系统要求设计功能图、梯形图和指令语句（采用步进指令实现控制）。

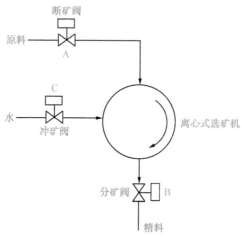

图 3.41　离心式选矿机选矿工作示意图

第4章 FX系列可编程控制器的功能指令

■**本章要点**

1. 功能指令的基本格式。
2. 常用功能指令的编程方法及使用注意事项。
3. 功能指令的编程举例。

可编程控制器的内部除了有很多基本逻辑指令外，还有大量的功能指令（应用指令），这些功能指令实际上是许多功能不同的子程序，它大大扩展了可编程控制器的功能及应用范围，使 PLC 由简单逻辑控制应用进入到复杂的数据处理及闭环控制的应用中。

4.1 功能指令概述

功能指令和基本逻辑指令的形式不同，基本逻辑指令用助记符或逻辑操作符表示，其梯形图就是继电器触点、线圈的连接图。由于功能指令有很多种类型，故每条功能指令都设有相应的代码（功能号），FX_{0N} 系列 PLC 功能指令的代码为 FNC（Function）00～FNC 67，FX_2 系列 PLC 功能指令的代码为 FNC00～FNC99，FX_{2N} 系列 PLC 功能指令的代码为 FNC00～FNC250，为了便于记忆，每个功能指令都有其相应的助记符，助记符可反映功能指令的操作功能。在使用编程器编程时，按下功能指令键后，再输入该条指令的代码，在编程器上实际显示的就是该功能指令相应的助记符。

有关本章中所述的功能指令的代码、操作功能及操作数，请读者参见第 4.10 节的功能指令汇总表。

4.1.1 功能指令的基本格式及执行方式

1. 功能指令的梯形图表示

功能指令在梯形图中用功能框表示。在功能框中，用功能指令代码或通用的助记符形式表示该功能指令。如图 4.1 所示为功能指令 MEAN 的梯形图，这是一条"求平均值"的功能

图 4.1 功能指令 MEAN 的梯形图

指令，指令的代码是 45。X0 是该条功能指令的执行条件，当 X0 为 ON 时，求出 D0、D1、D2 中数据的平均值，并将结果送到 D10 中。功能指令由助记符和操作数两部分组成。

（1）助记符部分。功能框的第一段即为助记符部分，表示该指令应完成的功能。图 4.1 所示 FNC45 对应的助记符是 MEAN，表示"求平均值"。

（2）操作数部分。有的功能指令只需要指定功能号，但更多的功能指令在指定功能号的同时还需要指定操作数。功能框的第二部分为操作数部分，操作数由"源操作数 [S.]"、"目标操作数 [D.]"和"数据个数 n"三部分组成。无论操作数有多少，其排列顺序总是源操作数、目标操作数和数据个数。数据个数 n 实际上是对源操作数和目标操作数的补充说明。在图 4.1 中，源操作数为 D0、D1、D2（D 的个数由 n 确定），n＝K3 表示源操作数有 3 个，目标操作数为 D10。有的指令并不是直接给出数据，而是给出存放操作数的地址，所以 [S.] 和 [D.] 也称源地址和目的地址。

2. 功能指令的通用表达形式及执行方式

（1）功能指令的通用表达形式。如图 4.2 所示为功能指令的通用表达形式，在功能框中，前一部分表示功能指令的代码和助记符，MOV 为数据传送指令的助记符，指令的代码为 12。

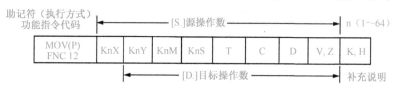

图 4.2　功能指令的通用表达形式

（2）功能指令的执行方式。如图 4.2 所示，"(P)"表示采用脉冲执行方式（Pulse），即在执行条件满足时仅在一个扫描周期内执行，未设定脉冲执行方式时为默认执行方式，默认执行方式为连续执行方式，即在每个扫描周期内均执行该指令。FX$_{0N}$ 系列 PLC 无脉冲执行方式。

（3）功能指令处理数据的位数。功能指令可以处理 16 位数据和 32 位数据，默认方式为 16 位数据。如图 4.2 所示，图中若有符号"(D)"，则表示指令的数据为 32 位，"P"和"D"可同时设定。

（4）操作数的类型。图 4.2 所示的功能框给出了可用做源操作数 [S.] 和目标操作数 [D.] 的元件类型。当源操作数不止一个时，可以用 [S1.]、[S2.] 表示；当目标操作数不止一个时，可以用 [D1.]、[D2.] 表示。

（5）变址方式及补充说明。[S.] 和 [D.] 中的符号"."表示操作数可以使用变址方式。n 为指令的补充说明，当 n 不止一个时，用 n1，n2…或 m1，m2…表示。如功能指令需要用常数进行补充说明 n 时，采用 K 表示是十进制数，采用 H 表示是十六进制数。

这里要注意的是，X 不能作为目标操作数使用。

【例】　如图 4.3 所示，第一个梯级执行的是数据传送功能，在满足执行条件 X1 为 ON 时，将 D10 中的数据送到 D12 中，处理的是 16 位数据。第二个梯级采用脉冲执行方式传送 32 位数据，即仅在 X3 的上升沿时刻，执行将 D21 和 D20 中的 32 位数据送到 D23 和 D22 中的操作。处理 32 位数据时，用元件号相邻的两个元件组成元件对，元件对的首位地址用奇数和偶数均可以。建议元件对的首位地址统一用偶数编号，如 D10、D12 和 D20、D22 等。

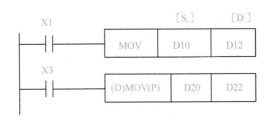

图 4.3 功能指令可处理 16 位指令和 32 位指令

4.1.2 功能指令的操作数及变址操作

1. 功能指令的操作数

可编程控制器的编程元件根据内部位数的不同，可分为位元件和字元件。

位元件是指用于处理 ON/OFF 状态的继电器，其内部只能存放一位数据 0 或 1，如输出继电器 Y 和一般辅助继电器 M。字元件由 16 位寄存器组成，用于处理 16 位数据，如数据寄存器 D 和变址寄存器 V 和 Z 等；常数 K、H 和指针 P 用在 PLC 内存中存放 16 位数据，也是字元件；计数器 C 和定时器 T 也是字元件，用于处理 16 位数据。

若要处理 32 位数据，用两个相邻的数据寄存器就可以组成 32 位数据寄存器了。一个位元件虽然只能表示一位数据，但是可以采用 16 个位元件组合在一起，作为一个字元件使用，即用位元件组成字元件。

功能指令的助记符后面可以有 0～4 个操作数，在图 4.2 中标注了可作为操作数使用的元件类型，对这些元件的表示形式说明如下。

(1) 位元件组合。位元件用来表示开关量的状态，如继电器触点的接通和断开及线圈的通电和断电等，这两种状态分别用二进制数 1 和 0 来表示，或称为该编程元件处于 ON 或 OFF 状态。X、Y、M 和 S 均为位元件。

位元件组合是指将位元件 X、Y、M 和 S 组合作为字元件用于数据处理。在 FX 系列 PLC 中，使用 4 位 BCD 码表示一位十进制数，这样采用 4 个位元件就可以表示一个十进制数，所以在功能指令中，是将位元件按 4 位一组的原则来组合的，如 KnSi、KnXi、KnYi、KnMi 等。

在 KnMi 中，n 表示组数，规定一组有 4 个位元件，4×n 为用位元件组成字元件的位数，K1 表示有 4 位，K2 表示有 8 位，K4 表示有 16 位。进行 16 位数据处理时，其数据可以是 4～16 位，即用 K1～K4 表示；进行 32 位数据操作时，其数据可以是 4～32 位，即用 K1～K8 表示。

KnMi 的 i 为首位元件号，即存放数据最低位的元件。

例如，K2M0 表示存放的数据为 8 位，即由 M7～M0 组成的 8 位数据，M0 是最低位；K4M10 表示由 M25 到 M10 组成的 16 位数据，M10 是最低位；K1Y0 表示数据为 4 位，由输出继电器 Y3～Y0 存放，Y0 是最低位；K3Y0 表示数据为 12 位，由输出继电器 Y13～Y10、Y7～Y0 存放；K1X10 表示数据为 4 位，即由 X13～X10 组成输入数据。

(2) 字元件。一个字由 16 个二进制位组成，字元件用于处理数据，如定时器 T、计数器 C 和数据寄存器 D 都是字元件，常数 K、H 及指针 P 也为字元件。

2. 变址操作

变址寄存器 V 和 Z 都是 16 位寄存器，V 和 Z 总共有 16 个，分别为 V0～V7 和 Z0～Z7。

V 和 Z 除了和通用数据寄存器一样用做数据的读、写外，主要用于修改操作数元件的编号，即变址功能。变址方法是将 V、Z 放在各种寄存器的后面，充当操作数元件编号的偏移量，操作数的实际地址就是元件号和 V 或 Z 内容相加的和。当源操作数或目标操作数用 [S.] 或 [D.] 表示时，可以进行变址操作。

当进行 32 位数据操作时，可将 V、Z 组合成 32 位（V、Z）来使用，在指令中只需指定 Z，Z 就代表了 V 和 Z，这时 Z 中的数据为低 16 位，V 中的数据为高 16 位。

在图 4.4 所示的梯形图中，MOV 指令将 K10 送到 V，K20 送到 Z，显然 V、Z 的内容分别为 10、20。

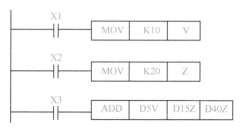

图 4.4　变址操作梯形图

第三个梯级为（D5V）＋（D15Z）→（D40Z），即（D15）＋（D35）→（D60）。

又如，若 Z＝4，则 D5Z＝D9，T6Z＝T10，K1Y0Z＝K1Y4，K1S2Z＝K1S6。由此可见，V 和 Z 变址寄存器的使用将使编程简单化。

3. 标志位

PLC 利用一些特殊辅助继电器的 ON/OFF 状态，反映功能指令操作过程中的一些状态，以便于用户编程使用，通常称这些特殊辅助继电器为标志位。标志位可以分为一般标志位、运算出错标志位和功能扩展用标志位。

（1）一般标志位。在功能指令操作中，其结果将影响下列标志位。

M8020：零标志，运算结果为零时动作。

M8021：借位标志，减法运算出现借位时动作。

M8022：进位标志位，运算结果出现进位时动作。

M8029：指令执行结束标志。

（2）运算出错标志位。如果在功能指令的结构、继电器元件及编号方面有错误，或在运算过程中出现错误时，下列标志位会动作，并同时记录出错信息。

M8067：运算出错标志。

M8068：运算错误代码编号锁存。

M8069：错误发生的步序号记录锁存。

PLC 由 STOP→RUN 时都是瞬间清除，若出现运算错误，则 M8068 将运算出错代码编号锁存，而 D8068 用于存储出错的步序号。

（3）功能扩展用标志位。通过控制这些标志位（特殊辅助继电器的 ON/OFF）可实现功能扩展。例如，M8160 用于 XCH 交换指令，当 M8160 为 ON 时允许交换。M8161 为 ON 时为 8 位处理模式。

4.2　程序流程控制指令

在 FX_{2N} 系列 PLC 的功能指令中，程序流程控制指令共有 10 条，功能号是 FNC00～FNC09。在通常情况下，PLC 的控制程序是顺序逐条执行的，但是在许多场合下却要求按控制要求改变程序的执行流程，此时可采用流程控制指令来实现。

4.2.1　条件跳转指令

CJ（Conditional Jump）条件跳转指令的操作功能是：当跳转条件成立时跳过一段程序，跳转至指令中的标号处执行，被跳过的程序不执行，若跳转条件不成立，则按原顺序执行程序。

在执行跳转指令时，即使输入元件状态发生改变，被跳过程序中的输出元件状态也维持不变；被跳过程序中定时器和计数器的当前值被锁定，在跳转终止程序继续执行时定时、计数功能将继续进行。

如图 4.5 所示为跳转指令的使用说明。当 X20＝ON 时，程序跳到标号 P10 处，执行下面的程序；如果 X20＝OFF，跳转不执行，程序按原顺序执行。

在程序中两条跳转指令可以跳转到相同的标号处，如图 4.6 所示为多路跳转说明。图中如果 X10 为 ON，则第一条跳转指令生效，从这一步跳转到标号 P9 处；如果 X10 为 OFF，而 X12 为 ON，则第二条跳转指令生效，程序由此处开始跳转到标号 P9 处。

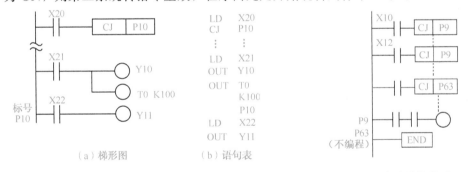

（a）梯形图　　　（b）语句表

图 4.5　跳转指令的使用说明　　　　图 4.6　多路跳转说明

在使用跳转指令时应注意以下几点。

（1）在同一程序中一个标号只能使用一次，不能在两处或多处使用同一标号。

（2）CJ P63 指令专门用于程序跳转到 END 语句，编程时标号不用输入。

（3）跳转指令的执行条件若是 M8000，则为无条件跳转，因为 PLC 运行时 M8000 为 ON。

（4）CJ（P）为脉冲执行方式，跳转指令只执行一个扫描周期。

4.2.2　调用子程序指令

PLC 中的子程序是为一些特定控制目的而编制的相对独立的模块，供主程序调用。

调用子程序指令包括子程序调用指令 CALL（Sub Routine Call）和返回指令 SRET

(Sub Routine Return)。

编程时子程序应写在主程序之后，即子程序的标号应写在主程序结束指令 FEND 之后，且子程序必须以 SRET 指令结束。如图 4.7 所示，当 X0 为 ON 时，CALL P10 指令使程序执行 P10 子程序，在子程序执行到 SRET 指令后程序返回到 CALL 指令的下一条指令处执行。若 X0 为 OFF，则程序按原顺序执行。

在子程序中可以再次使用 CALL 子程序，形成子程序嵌套。子程序的嵌套层数不能超过 5，在图 4.8 所示的程序中 CALL 指令共有 2 层嵌套。

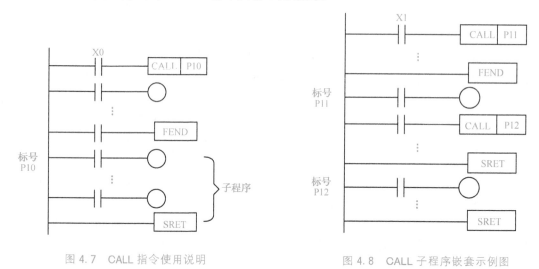

图 4.7　CALL 指令使用说明　　　　图 4.8　CALL 子程序嵌套示例图

4.2.3　中断指令

中断指令包括中断返回指令 IRET（Interruption Return）、允许中断指令 EI（Interruption Enable）、禁止中断指令 DI（Interruption Disable）。

中断是 CPU 与外设之间进行数据传送的一种方式。FX 系列 PLC 有两类中断，即外部中断和内部定时器中断。外部中断信号由输入端子输入，可用于机外突发随机事件引起的中断；定时中断是内部中断，是定时器定时时间到引起的中断。

FX 系列 PLC 设置有 9 个中断源，9 个中断源可以同时向 CPU 发出中断请求信号，这时 CPU 响应优先级较高的中断源的中断请求。9 个中断源的优先级由中断号决定，中断号小的优先级较高。每个中断源的中断子程序都有中断标号，其格式如图 4.9 所示。

中断标号以 I 开头，又称为 I 指针。外部中断的 I 指针格式如图 4.9（a）所示，共 6 个点，对应的外部中断信号的输入端口为 X0～X5。例如，I001 的含义是：当输入 X0 从 OFF 变为 ON（上升沿）时，执行由该指针作为标号的中断服务程序，在执行到 IRET 指令时返回。内部中断的 I 指针格式如图 4.9（b）所示，共 3 个点。内部中断即定时中断，由指定编号为 6～8 的专用定时器控制，设定时间为 10～99ms，每隔设定时间 PLC 就会自动中断一次。

FX$_{2N}$ 和 FX$_{2NC}$ 系列 PLC 有 6 点计数器中断，中断指针的格式为 I0□0（□＝1～6），用于利用高速计数器优先处理计数结果的控制。

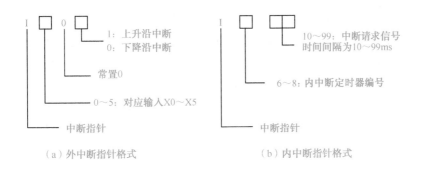

（a）外中断指针格式　　　　　　　（b）内中断指针格式

图 4.9　中断指针的格式

PLC 一般处在禁止中断状态。指令 EI～DI 之间的程序段为允许中断区间，而 DI～EI 之间为禁止中断区间，如图 4.10 所示。当程序执行到允许中断区间并且出现中断请求信号时，PLC 执行相应的中断子程序，遇到中断返回指令 IRET 时返回断点处继续执行主程序，在此区间外，即使有中断请求，CPU 也不会立即响应，而是将中断信号存储下来，并在 EI 指令之后执行。

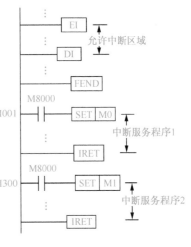

图 4.10　中断指令使用说明

在使用中断指令时应注意以下几点。

（1）当多个中断信号同时出现时，中断指针号小的具有优先权。

（2）中断子程序可以进行嵌套，最多可以嵌套两级。

（3）中断请求信号的宽度必须大于 200μs。

（4）M8050～M8058 为中断屏蔽寄存器，当其为 ON 时，相应的中断源 0～8 被屏蔽。

（5）M8059 为 ON 时禁止计数器中断。

4.2.4　主程序结束指令

FEND 指令表示主程序的结束，子程序的开始。

FEND 指令的操作功能为：在程序执行到 FEND 时，进行输出处理、输入处理、监视定时器刷新，完成后返回第 0 步；子程序和中断服务程序都必须写在主程序结束指令 FEND 之后，子程序以 SRET 指令结束，中断服务程序以 IRET 指令结束，两者不能混淆；当程序中没有子程序或中断服务程序时，也可以没有 FEND 指令，但是程序的最后必须用 END 指令结尾，显然，子程序及中断服务程序必须写在 FEND 指令与 END 指令之间。

4.2.5　监视定时器指令

WDT 指令用于刷新顺序程序中的监视定时器。

PLC 在循环扫描执行程序时，利用内部定时器（监视定时器）监视执行用户程序的循环扫描时间，如果扫描时间（从程序的第 0 步到 END 或 FEND 指令之间）超过了规定的时间（FX$_2$系列 PLC 为 100ms，FX$_{2N}$系列 PLC 为 200ms），PLC 将停止工作，此时 CPU 的出错指示灯亮。

为防止执行顺序控制程序超时的情况发生，利用 WDT 指令在循环扫描执行程序中，刷新监视定时器。如图 4.11 所示，将 WDT 指令插到合适的程序步中及时刷新监视定时器，使顺序程序得以继续执行到 END 或 FEND。图 4.11（a）所示为将一个 240ms 的程序分成两个扫描时间为 120ms 的程序，在两个程序之间插入一条 WDT 指令。

监视定时器的时钟报警值 200ms 存储在特殊数据寄存器 D8000 中，它由 PLC 的监控程序写入，同时也允许用户改写 D8000 的内容。可以用功能指令 MOV 来改写 D8000 的内容，如图 4.11（b）所示，将监视定时器的报警数值改为 300ms，在这之后的 PLC 程序将采用新的监视定时器时间执行监视工作。

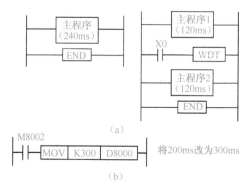

(a)

(b)

图 4.11　WDT 指令的使用

4.2.6　循环指令

循环指令包括循环开始指令 FOR 和循环结束指令 NEXT。

循环指令的操作功能为：控制 PLC 反复执行某一段程序，只要将这段程序放在 FOR、NEXT 之间，待执行完指定的循环次数后（由操作数指定），才能执行 NEXT 指令后的程序。

在使用循环指令时应注意以下几点。

（1）FOR 与 NEXT 指令要求成对使用，FOR 在前，NEXT 在后。

（2）FOR、NEXT 循环指令最多可以嵌套 5 层，如图 4.12 所示为三重循环。

（3）利用 CJ 指令可以跳出 FOR、NEXT 循环体。

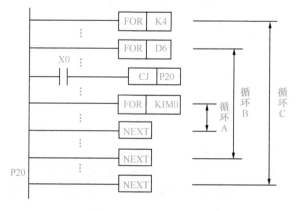

图 4.12　FOR、NEXT 指令的使用说明

4.3 传送和比较指令

4.3.1 比较指令和区间比较指令

1. 比较指令 CMP

比较指令 CMP（Compare）的操作功能为：将两个源操作数［S1.］、［S2.］中的数据进行比较，并将比较结果送到目标操作数［D.］中。

如图4.13所示为比较指令的使用说明。当X0为OFF时，不执行CMP指令，M0、M1、M2的状态保持不变。当X0为ON时，将两个源操作数［S1.］、［S2.］中的数据进行比较，即K100（十进制数100）与T20的当前值比较，若T20的当前值小于100，则M0为ON，Y0得电；若T20的当前值等于100，则M1为ON，Y1得电；若T20的当前值大于100，则M2为ON，Y2得电。

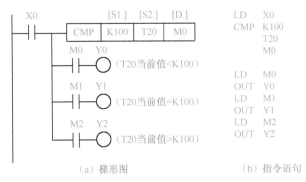

图 4.13 比较指令的使用说明

在使用比较指令时应注意以下几点。

（1）CMP指令将源数据按照二进制形式处理，大小比较按代数形式进行。

（2）要清除比较结果时，可采用RST和ZRST指令。

比较指令的应用示例如图4.14所示。该梯形图采用比较指令实现监视计数值的功能。由T0和T1控制产生周期为1s的脉冲信号，驱动Y10做ON/OFF交替变化，Y10为脉冲指示，同时还给计数器C0提供计数脉冲信号。

当X10为ON时，若计数器的当前值小于10，则Y0有输出；若计数器的当前值等于10，则Y1有输出；若计数器的当前值大于10，则Y2有输出；当计数器的当前值为15时，Y3和Y2均有输出，由于采用Y3的动合触点给计数器复位，所以Y3线圈的得电时间仅为一个扫描

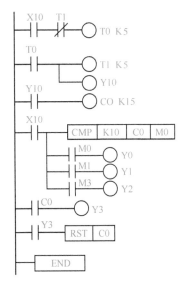

图 4.14 比较指令的应用示例

周期。

2. 区间比较指令 ZCP

区间比较指令 ZCP 的操作功能为：将一个操作数［S.］与两个操作数［S1.］、［S2.］形成的区间比较，并将比较结果送到［D.］中。

如图 4.15 所示为区间比较指令的使用说明。当 X0 为 ON 时，将计数器 C30 的当前值与 K100 和 K120 比较，若 C30 的当前值小于 100，则 M1 为 ON，Y1 得电；若 C30 的当前值大于等于 100 并小于等于 120，则 M2 为 ON，Y2 得电；若 C30 的当前值大于 120，则 M3 为 ON，Y3 得电。

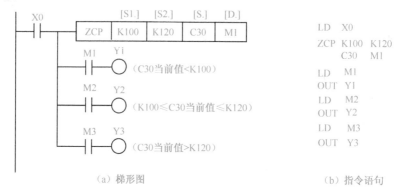

（a）梯形图 　　　　（b）指令语句

图 4.15　区间比较指令的使用说明

在使用区间比较指令时应注意以下几点。

（1）ZCP 指令将所有数据按照二进制形式处理，区间比较按代数形式进行。

（2）设置比较区间时，要求［S1.］不得大于［S2.］。

区间比较指令的应用示例如图 4.16 所示。该梯形图采用区间比较指令实现监视计数值的功能。特殊辅助继电器 M8013 为 1s 时钟继电器，给计数器提供计数脉冲信号。当 X10 为 ON 时，计数器 C1 的当前值和输出端 Y 的关系为：

① C1 的当前值小于 10 时，Y0 有输出。

② C1 的当前值大于等于 10 且小于等于 20 时，Y1 有输出。

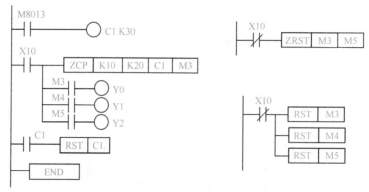

图 4.16　区间比较指令的应用示例

③ C1 的当前值大于 20 时，Y2 有输出。

当计数器的当前值为 30 时，C1 复位。在下一个扫描周期，PLC 又开始循环工作。Y0、Y1、Y2 为 ON 的状态均为 10s。

4.3.2 传送类指令

1. 传送指令 MOV

传送指令 MOV 的操作功能为：将源地址中的数据传送到目的地址中。如图 4.4 所示为 MOV 指令的示例梯形图。图 4.17 所示为 MOV 指令的应用，其中图 4.17（a）采用 MOV 指令将定时器 T10 的当前值送到 PLC 的输出端口，图 4.17（b）采用 MOV 指令改变定时器 T0 的设定值，这两种方法同样可以用于计数器。

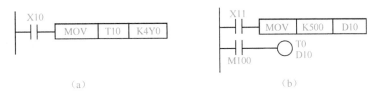

图 4.17 MOV 指令的应用

如图 4.18 所示为采用 MOV 指令实现电动机 Y—△降压启动控制的应用实例，I/O 地址分配如表 4.1 所示。梯形图程序的控制功能分析：当启动按钮闭合（X0 = ON）时，第一个梯级执行，将 K3（0011）送到输出端 Y3Y2Y1Y0，由于 Y0 = Y1 = ON，所以 KM1 和 KM2 得电，电动机绕组按 Y 形连接且接通电源启动运转，同时 Y0 动合触点闭合使定时器 T0 得电开始延时。当 6s 延时时间到，电动机的转速已上升到接近额定转速时，PLC 执行程序将 K5（0101）送到 Y3Y2Y1Y0，此时 Y0、Y2 为 ON 状态，Y2 控制 KM3 得电，即电动机的绕组被接成△形，实现 PLC 控制电动机处于△形连接方式运行，完成了电动机的 Y—△启动方式。当闭合停止按钮（X1 为 ON）或电动

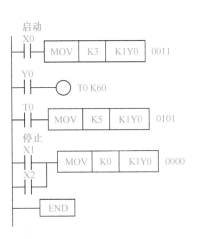

图 4.18 MOV 指令的应用实例

机超载（X2 为 ON）时，PLC 执行程序将 K0（0000）送到 Y3Y2Y1Y0，此时 Y0～Y2 全部为 OFF 状态，电动机停止运行。

表 4.1 I/O 地址分配

输 入 地 址		输 出 地 址	
X0	启动按钮 SB1	Y0	KM1（电动机电源）
X1	停止按钮 SB2	Y1	KM2（星形连接）
X2	热继电器 FR	Y2	KM3（三角形连接）

2. 块传送指令 BMOV

块传送指令 BMOV（Block Move）的操作功能为：将数据块（由源地址指定元件开始的 n 个数据组成）传送到指定的目的地址中，n 只能取常数 K、H。如果地址超出允许的范围，数据仅传送到允许范围的目的地址中。

（1）数据寄存器间的数据块传送。如图 4.19（a）所示为数据块在数据寄存器 D 间的传送，当 X10 为 ON 时，执行块传送指令，由 K3 指定的数据块个数为 3，将 D2～D0 中的内容传送到 D12～D10 中去，如图 4.19（b）所示为块传送指令的操作示意图。传送后 D2～D0 中的内容不变，而 D12～D10 中的内容相应地被 D2～D0 的内容取代。

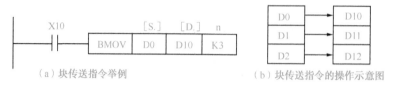

（a）块传送指令举例　　　　　　　　　　（b）块传送指令的操作示意图

图 4.19　数据块在数据寄存器间的传送

（2）用位元件组合传送数据块。如图 4.20 所示为用位元件组合传送数据块的应用示例。当 X0 为 ON 时，将 M7～M4、M3～M0 中的数据对应地传送到 Y7～Y4 和 Y3～Y0，K1 表示数据是 4 位，补充说明 n 为 K2 表示是两块数据的传送。

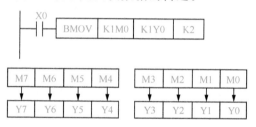

图 4.20　用位元件组合传送数据块

3. 多点传送指令 FMOV

多点传送指令 FMOV（Fill Move）的操作功能为：将源地址中的数据传送到指定目标开始的 n 个元件中，这 n 个元件中的数据完全相同，指令中给出的是目标元件的首地址。如果元件号超出允许的范围，数据仅传送到允许范围的元件中。常用于对某一段数据寄存器的清零或置相同的初始值。

如图 4.21 所示为多点传送指令的使用说明。当 X10 为 ON 时执行多点传送指令，根据 K3 指定的目标元件个数为 3，将 K0 传送到 D12～D10 中去，传送后 D12～D10 中的内容被 K0 取代。

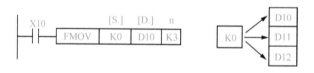

图 4.21　多点传送指令的使用说明

如图 4.22 所示为数据传送指令 MOV、BMOV、FMOV 的应用示例。假设 PLC 的输入端 K4X0（X17～X10，X7～X0）的 16 位输入状态为 00001000 11110000，在输入 X20＝ON 执行 MOV 指令后，将 K2X0（X7～X0）的状态传送给 K2Y0，即 Y7～Y0 的状态为 11110000。

在 X21＝ON 时，执行 BMOV 块传送指令将数据块 K2X10、K2X0 分别传送到 K2Y10 和 K2Y0，即 K2Y10 状态为 00001000，K2Y0 的状态为 11110000。

在 X22＝ON 时，执行 FMOV 多点传送指令将 K2X0 的状态同时传送到 K2Y10 和 K2Y0，即 K2Y10 和 K2Y0 均为 11110000。

如图 4.23 所示为彩灯循环控制梯形图。图中采用 4s 脉冲发生器和 MOV 指令实现对彩灯的控制，即 8 个彩灯按照 2s 频率隔灯交替点亮。X0 为启动开关，当 X0＝ON 时，连接在输出端 Y7～Y0 的 8 个彩灯实现隔灯显示，每 2s 交换一次，反复运行。因为 K85 和 K170 在 PLC 内部是两组状态（0，1）完全相反的二进制数码，所以执行 MOV 指令后，可以实现隔灯显示的功能。

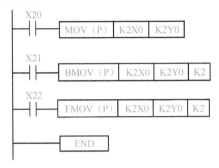

图 4.22　数据传送指令的应用示例

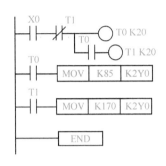

图 4.23　彩灯循环控制梯形图

4.3.3　BCD 和 BIN 变换指令

1. BCD 变换指令

BCD 变换指令的操作功能为：将源地址中的二进制数转换为 BCD 码并送到目标地址中。

如图 4.24 所示为 BCD 变换指令的使用说明。当 X10 为 ON 时，执行 BCD 变换指令，将 D10 中的二进制数转换为 BCD 码，然后将其低 8 位（由 K2 指明）的内容送到 Y7～Y0 中。

图 4.24　BCD 变换指令的使用说明

2. BIN 变换指令

BIN 变换指令的操作功能为：将源地址中的 BCD 码转换为二进制数并送到目的地址中。此指令的功能与 BCD 变换指令相反。

如图 4.25 所示为 BIN 变换指令的使用说明，这条指令可以将 BCD 拨盘的设定值通过 X7～X0 输入到 PLC 中。当 X10 为 ON 时，执行 BIN 变换指令，将 X7～X0 端口上输入的两位 BCD 码转换成二进制数，传送到 D10 的低 8 位中。

如图 4.26 所示为 BIN、BCD 指令和变址寄存器的应用示例。图中利用特殊辅助继电器 M8000，在 PLC 上电后首先将输入端 X3～X0 输入的 BCD 码转换成二进制数送到变址寄存器 Z0，采用 Z0 对定时器 T0 实现变址功能（T0Z0），当改变输入端 X3～X0 的状态从 0000～1001（0～9）变化时，可以将 T0～T9 的当前值转换成 BCD 码后由 Y17～Y0 输出。

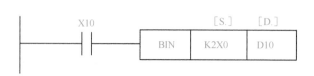

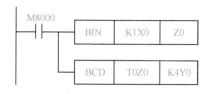

图 4.25　BIN 变换指令的使用说明　　　　图 4.26　BIN、BCD 指令和变址寄存器
的应用示例

4.4　算术运算和逻辑运算指令

FX 系列 PLC 设置了 10 条算术运算和逻辑运算指令，其功能号是 FNC20～FNC29。在这些指令中，源操作数可以取所有的数据类型，目标操作数可以取 KnY、KnM、KnS、T、C、D、V 和 Z。

每个数据的最高位为符号位（0 表示正，1 表示负）。在 32 位运算中被指定的字编程元件为低位字，紧挨着的下一个字编程元件为高位字。为了避免出现错误，建议指定操作元件时采用偶数元件号。

若运算结果为 0，零标志 M8020 置 1；16 位运算结果超过 32767 或 32 位运算结果超过 2147483647，进位标志 M8022 置 1；16 位运算结果小于 –32768 或 32 位运算结果小于 –2147483648，借位标志 M8021 置 1。

如果目标操作数（如 K1M0）的位数小于运算结果（如 D10）的位数，将只保存运算结果的低位（4 位）。

4.4.1　算术运算指令

算术运算指令包括 ADD、SUB、MUL、DIV（二进制加、减、乘、除）指令。

1. 加法指令 ADD

二进制加法指令 ADD（Addition）的操作功能为：将两个源地址中的二进制数相加，结果送到指定的目的地址中。如图 4.27 所示为算术运算指令的使用说明，图中的 X0＝ON 时，连续执行（D10）＋（D12）→（D14）的操作功能。

2. 减法指令 SUB

二进制减法指令 SUB（Subtraction）的操作功能为：将两个源地址中的二进制数相减，结果送到指定的目的地址中。图 4.27 中的 SUB 指令采用脉冲执行方式，在 X1 为 ON 时，执行一次（D0）－K22（十进制数 22）→（D10）。

3. 乘法指令 MUL

二进制乘法指令 MUL（Multiplication）的操作功能为：将两个源地址中的二进制数相乘，结果（32 位）送到指定的目的地址中。图 4.27 中的 X2＝ON 时，连续执行（D0）×（D2）→（D5、D4）的操作，乘积的低 16 位数据送到 D4 中，高 16 位数据送到 D5 中。

如果该条指令为：（D）MUL（P）D10 D12 D14，其操作功能为：采用脉冲执行方式执行 32 位数据的乘法运算，（D11，D10）×（D13，D12）→（D17，D16，D15，D14）。

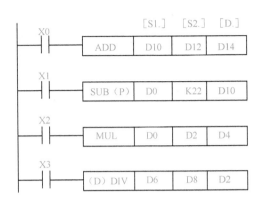

图 4.27　算术运算指令的使用说明

4. 除法指令 DIV

二进制除法指令 DIV（Division）的操作功能为：用［S1.］除以［S2.］，将商送到指定的目标地址［D.］中，余数送到［D.］的下一个元件中。图 4.27 中的 X3＝ON 时，连续执行 32 位除法运算功能，（D7、D6）÷（D9、D8），商送到（D3、D2），余数送到（D5、D4）。如果该条指令不是 32 位操作，其指令的形式为：DIV D2 D4 D6，执行 16 位二进制数的除法操作，即（D2）÷（D4）并将商送到 D6、余数送到 D7 中。

4.4.2　加 1、减 1 指令

1. INC 加 1 指令

加 1 指令（Increment）的操作功能为：满足执行条件时，［D.］中的内容自动加 1。

2. DEC 减 1 指令

减 1 指令（Decrement）的操作功能为：满足执行条件时，［D.］中的内容自动减 1。

这两条指令的运算结果不影响零标志、借位标志和进位标志。

如图 4.28 所示为二进制加 1、减 1 指令的使用说明。图中加 1、减 1 指令均采用脉冲执行方式，当 X4 每次由 OFF 变为 ON 一次时，D10 中的数自动加 1；当 X1 每次由 OFF 变为 ON 一次时，D11 中的数自动减 1。如果不用脉冲指令，则每一个扫描周期都要执行一次加 1、减 1 指令。

如图 4.29 所示的梯形图可以实现监视 C0～C9 的当前值的功能。用寄存器的变址功能（变址寄存器 Z）、加 1 指令实现 C0～C9 地址的自动切换，用比较指令控制被监视的最后一个计数器 C9。

原理分析如下：当 X10＝ON 时，将十进制数 0 送到变址寄存器中，采用脉冲执行方式对 Z 复位（清零）一次。在 X11 第一次为 ON 时，将 C0（Z＝0）的当前值转换成 BCD 码送到 Y17～Y0 端输出，随后 Z 中内容自动加 1，接着执行一次比较指令。在 X11 第二次为 ON 时，将 C1（此时由于 Z＝1，C0 变址为 C1）的当前值转换成 BCD 码送到 Y17～Y0 端输出，以后每当 X11 由 OFF 到 ON 变化一次时，都依次将 C0，C1，C2，…，C9 的当前值输出到 Y 端，一直到 Z＝10 时，比较器结果使 M1＝ON，将 Z 再清零一次，又回到初始状态，在 X11 为 ON 时继续执行上述的操作功能。

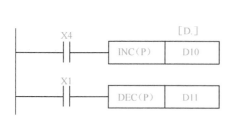

图 4.28　加 1、减 1 指令的使用说明

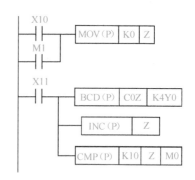

图 4.29　监视 C0～C9 当前值的梯形图

4.4.3　字逻辑运算指令

1. 字逻辑与指令 WAND

字逻辑与指令的操作功能为：将指定的两个源地址中的二进制数按位进行与逻辑运算，结果送到指定的目标地址中。

如图 4.30 所示为字逻辑运算指令的示例梯形图。若 D10 中的数据为 00000000 11111111，D20 中的数据为 11111111 00000000，满足 X10 为 ON 时，执行 WAND 字逻辑与运算指令后，D30 中的数据为 00000000 00000000。

2. 字逻辑或指令 WOR

字逻辑或指令的操作功能为：将指定的两个源地址中的二进制数按位进行或逻辑运算，结果送到指定的目的地址中。

在图 4.30 所示的梯形图中，若 D1 中的数据为 00000000 11111111，D2 中的数据为 11111111 00000000，当 X1 为 ON 时，执行 WOR 指令后，D3 中的数据为 11111111 11111111。

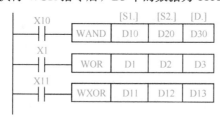

图 4.30　字逻辑运算指令的示例梯形图

3. 字逻辑异或指令 WXOR

字逻辑异或指令的操作功能为：将指定的两个源地址中的二进制数按位进行异或逻辑运算，结果送到指定的目标地址中。

在图 4.30 所示的梯形图中，若 D11 中的数据为 00000000 11111111，D12 中的数据为 11111111 00000000，当 X11 为 ON 时，执行 WXOR 指令后，D13 中的数据为 11111111 11111111。

4.5 位元件移位指令

位元件移位指令只对位元件进行操作，即源操作数和目的操作数只能是位元件，其中，源操作数可以取 X、Y、M 和 S，目标操作数可以取 Y、M 和 S。

4.5.1 位元件右移位指令 SFTR

如图 4.31 所示为位元件右移位指令示例梯形图，其中：

（1）[S.] 为移位的源位元件首地址，[D.] 为移位的目标位元件首地址。

（2）n1 为 [D.] 的补充说明，即说明目标位元件组的长度（个数）。

（3）n2 为 [S.] 的补充说明，为源元件个数（也是目标位元件移动的位数）。

（4）n1 和 n2 只能是常数 K 和 H，且要求 n2≤n1≤1024。

位元件右移位指令 SFTR（Shift Right）指令的操作功能为：将 n1 个目标位元件中的数据向右移动 n2 位，n2 个源位元件中的数据被补充到空出的目标位元件中。

如图 4.32 所示为位元件右移位指令执行过程示意图，如果 X10 为 ON，则执行位右移位指令，目标位元件组 M15～M0（n1 为 16）中的 16 位数据将右移 4 位（n2 为 4），M3～M0 从低位端移出，X3～X0 中的 4 位数据将被传送到 M15～M12，所以 M3～M0 中原来的内容将会丢失，但源位元件 X3～X0 的内容保持不变。

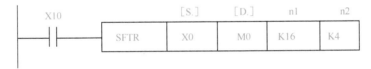

图 4.31　位元件右移位指令示例梯形图

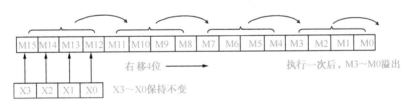

图 4.32　位元件右移位指令执行过程示意图

4.5.2 位元件左移位指令 SFTL

如图 4.33 所示为位元件左移位指令示例梯形图，位左移位指令 SFTL（Shift Left）指令的操作功能为：将 n1 个目标位元件中的数据向左移动 n2 位，n2 个源位元件中的数据被补充到空出的目标位元件中。

如图 4.34 所示为位元件左移位指令执行过程示意图，如果 X10 为 ON，则执行位左移位指令，目标位元件组 M15～M0（n1 为 16）中的 16 位数据将左移 4 位（n2 为 4），M15～M12 从高位端移出，X3～X0 中的 4 位数据将被传送到 M3～M0 中，所以 M15～M12 中原来的内容将会丢失，但源位元件 X3～X0 的内容保持不变。

图4.33 位元件左移位指令示例梯形图

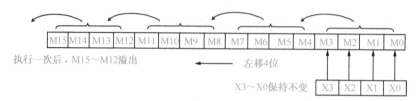

图4.34 位元件左移位指令执行过程示意图

4.6 数据处理指令

4.6.1 区间复位指令 ZRST

区间复位指令 ZRST（Zone Reset）的操作功能为：将［D1.］～［D2.］指定的元件号范围内的同类元件成批复位，如图 4.35 所示为区间复位指令 ZRST 的使用说明。图中，在 PLC 上电后的第一个扫描周期内，利用 M8002 的初始化脉冲信号，给指定范围的数据寄存器、计数器及辅助继电器全部复位为零状态。

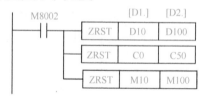

图4.35 区间复位指令 ZRST 的使用说明

在使用 ZRST 指令时应注意以下几点。

（1）［D1.］的元件号应小于［D2.］的元件号。如果［D1.］的元件号大于［D2.］的元件号，则只有［D1.］指定的元件被复位。

（2）目标操作数可以取 T、C 和 D，或 Y、M 和 S，但在一条指令中［D1.］和［D2.］应为同一类型的元件。

（3）虽然 ZRST 指令是 16 位数据处理指令，但［D1.］和［D2.］也可以指定 32 位计数器。

（4）可用于元件复位或清零的指令还有 FMOV 和 RST 指令，其使用方法如图 4.36 所示。

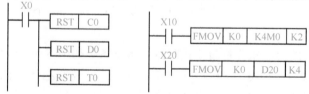

图4.36 其他复位指令的应用实例

4.6.2 解码和编码指令

1. 解码指令 DECO

解码指令 DECO 的操作规则与数字电路中的状态译码器（如 3/8 译码器等）相同。如图 4.37 所示为解码指令 DECO 的示例梯形图及解码操作规则说明。

在图 4.37（a）中，当 X10 为 ON 时执行解码操作。根据源操作数 X0 和补充说明 n 确定输入位为 X2～X0（共 3 位）。假设 X2～X0 的状态为 011，相当于十进制数 3（$1 \times 2^1 + 1 \times 2^0 = 3$），执行解码指令 DECO 后，将目标操作数 M7～M0 组成的 8 位二进制数的第 3 位 M3（M0 为第 0 位）置 1，其余位置 0。如果源操作数 X2～X0 全部为 0，则 M0 被置 1。

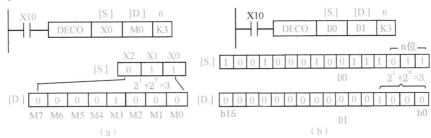

图 4.37 解码指令 DECO 的示例梯形图及解码操作规则说明

在图 4.37（b）中，当 X10 为 ON 时执行解码操作。根据源操作数 D0 和补充说明 n 确定输入为 D0 中的 3 位数据，假设 D0 中的三位数据为 011，相当于十进制数 3（$1 \times 2^1 + 1 \times 2^0 = 3$），执行解码指令 DECO 后，将 D1 中的第 3 位（b0 为第 0 位）置 1，其余位置 0。如果源操作数为 0（D0 中全部为 0），则将 D1 的 b0 位置 1。

在使用 DECO 指令时应注意以下几点。

（1）若目标操作数是位元件，则要求源组件的位数 $1 \leqslant n \leqslant 8$。

（2）若目标操作数是字元件，由于 T、C、D 都是 16 位的，所以要求 $1 \leqslant n \leqslant 4$。

2. 编码指令 ENCO

编码指令 ENCO 的操作功能为：根据 2^n 个输入位的状态进行编码，将结果存放到目标元件中。若指定的源元件中为 1 的位不止一个，则只有最高位的 1 有效。如图 4.38 所示为编码指令 ENCO 的示例梯形图及编码操作规则说明。

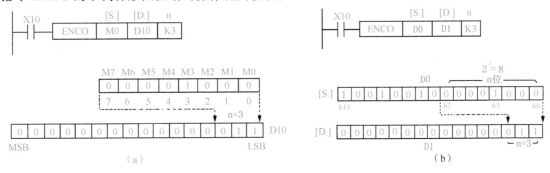

图 4.38 编码指令 ENCO 的示例梯形图及编码操作规则说明

在图 4.38（a）中，当 X10 为 ON 时执行编码操作，编码操作的功能是将源元件 M7～M0（$2^n=8$，n＝3）的状态（即 M3 为 1），编码为 3 位二进制数 011，并送到目标元件 D10 的低 3 位。若在此例中 M0 为 1，则执行编码指令后，D10 中的数据为 0。当 M7～M0 的状态全部为 0 时，被视为运算错误。

在图 4.38（b）中，当 X10 为 ON 时执行编码操作，编码操作的功能是将源元件 D0 中的 8 位（0000 1000）数据（b3 为 1），编码为 3 位（n 为 3）二进制数 011，并送到目标元件 D1 的低 3 位。若在此例中 D0 中的数据为 1（即 b0 为 1），则执行编码指令后，D1 中的数据为 0。当 D0 中的数据全部为 0 时，被视为运算错误。

另外，使用解码/编码指令还需注意以下几点。

（1）指令的源操作数和目标操作数可以是位元件，也可以是字元件。

（2）当 n＝0 时，不处理。

（3）当执行条件为 OFF 时指令不执行，解码/编码指令的输出保持不变。

4.6.3　平均值指令 MEAN

求平均值指令 MEAN 的操作功能为：计算 n 个源操作数的平均值，将结果送到目标元件中。其中，源操作数可以取 KnX、KnY、KnM、KnS、T、C 和 D，目标操作数可以取 KnY、KnM、KnS、T、C、D、V 和 Z，n 可以取 1～64。

平均值指令 MEAN 的示例梯形图如图 4.1 所示。在图 4.1 中，当 X0 为 ON 时，执行 MEAN 指令，取出 D0～D2 的连续 3 个数据寄存器中的内容，求出其算术平均值后送入 D10 寄存器中。

4.7　脉冲输出指令

4.7.1　脉冲输出指令 PLSY

脉冲输出指令 PLSY（Pulse Output）的操作功能为：按设定的频率输出指定数量的脉冲。其中，[S1.] 指定脉冲频率（2～20000Hz）；[S2.] 指定产生脉冲的数量，若指定脉冲数为 0，则持续产生脉冲；[D.] 指定脉冲输出元件号（Y0 或 Y1）。脉冲以中断方式输出，占空比为 50％。指定脉冲输出完成后，指令执行完成标志 M8029 自动置位。

PLSY 指令的示例梯形图如图 4.39 所示。图中，当 X10 为 ON 时，执行 PLSY 指令，若 D0 中的数值为 2000，因 [S1.] 被设定为 K1000，则输出继电器 Y0 输出频率为 1000Hz 的脉冲共 2000 个。脉冲输出结束后，指令执行完成标志 M8029 置位（ON）；当 X10 变为 OFF 时，M8029 复位（OFF）。

图 4.39　PLSY 指令的示例梯形图

4.7.2 脉宽调制指令 PWM

脉宽调制指令 PWM（Pulse Width Modulation）用于产生指定脉冲宽度和周期的脉冲串。其中，[S1.] 用来指定脉冲宽度（$t=1\sim32767$ms）；[S2.] 用来指定脉冲周期（$T=1\sim32767$ms），[S1.] 应小于 [S2.]；[D.] 用来指定输出脉冲的元件号（Y0 或 Y1）。

如图 4.40 所示为 PWM 指令的示例梯形图。图中，X10 为执行条件，当 D10 中的脉宽设定数值从 0～50 变化时，输出继电器 Y0 输出的脉冲的占空比从 0～1 变化，而且 Y0 的输出是以中断方式进行的。如果指令执行途中 X10 变为 OFF，Y0 也立即变为 OFF，输出立即停止。

图 4.40 PWM 指令的示例梯形图

4.8 方便指令

4.8.1 置初始状态指令 IST

置初始状态指令 IST（Initial State）与 STL 指令一起使用，用于自动设置多种工作方式的顺序控制编程。

IST 指令的示例梯形图如图 4.41 所示。图中，PLC 上电后，M8000 接通，执行 IST 指令。指令指定自动方式中用到的最小状态号为 S20，最大状态号为 S29。从 X10～X17 输入点的功能是固定的。

图 4.41 IST 指令的示例梯形图

在使用 IST 指令时应注意以下几点。

（1）实际设计程序时，根据需要确定步状态继电器 S 的使用范围。对于 X 的编号，只要首位元件号确定，首位元件后面的 8 个连续元件及它们的功能也就确定了。IST 指令的应用示例参见第 7 章 7.2.1 中机械手的控制程序。

（2）IST 指令必须写在第一个 STL 指令出现之前，且该指令在一个程序中只能使用一次。

4.8.2 交替输出指令 ALT

交替输出指令 ALT（Alternate）的目标操作数 [D.] 可以取 Y、M、S，只有 16 位运算。

ALT 指令的示例梯形图如图 4.42 所示。图中，每当 X0 由 OFF 变为 ON 时，Y0 的状态就改变一次，若不用脉冲执行方式，每个扫描周期 Y0 的状态都要改变一次。使用 ALT 指令，用一个按钮 X0 就可以控制 Y0 对应的外部负载的启动和停止。

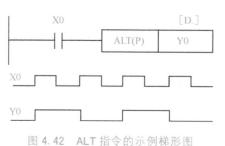

图 4.42　ALT 指令的示例梯形图

4.9　外部设备指令

4.9.1　串行通信指令 RS

串行通信指令 RS 是通信功能板发送和接收串行数据的指令。如图 4.43 所示为 RS 串行通信指令的示例梯形图。[S.] 用于指定发送数据的首位地址；m 用于指定传输数据的长度，

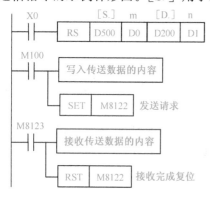

图 4.43　RS 串行通信指令的示例梯形图

它可以是一个常数，当传输的数据长度可变时，m 是一个数据寄存器；[D.] 用于指定接收数据的首位地址；n 用于指定接收数据的长度，n 可以是常数，也可以是一个数据寄存器。传输数据的位数可以是 8 位或 16 位，由特殊辅助继电器 M8161 控制，M8161 被置位时，传输的数据为 8 位。

一般用初始化脉冲 M8002 驱动的 MOV 指令将数据的传输格式（如数据位数、奇偶校验位、停止位、波特率、是否有调制解调等）写入特殊辅助继电器 D8120 中。采用 MOV 指令把传输数据传送到传送数据缓冲区。

在图 4.43 中，当 M100 为 ON 时将传输数据写入到数据寄存器，并将 M8122 置位（请求发送）。当接收完成标志 M8123 为 ON 时，将接收的数据传送到专用的数据存储器，并将 M8122 复位（接收完成）。

与 RS 指令有关的特殊辅助继电器有 M8122（发送请求）、M8123（接收完成标志）、M8124（载波检测）和 M8129（超时判定标志）。

4.9.2　并行数据传送指令

PRUN 指令用于两台 PLC 的并行运行。如图 4.44 所示为并行数据传送指令的示例梯形图。[S.] 用于指定主站、从站的输入端元件号，[D.] 用于指定主站、从站接收数据的辅助继电器号。当 M8070 为 ON 时，主站的输入 X10～X17 送到主站的 M810～M817 中。当 M8071 为 ON 时，从站的输入 X20～X27 送到从站的 M920～M927 中。

为了使源地址和目标地址有简单的对应关系，在图 4.44 程序中可以选取 X 和 M 为相对应的编号。

4.9.3 七段译码指令

七段译码指令 SEGD 用于控制一位七段数码管，其使用示例如图 4.45 所示。SEGD 指令的操作功能为：将源操作数的低 4 位二进制数（一位十六进制数）译码后送至目标操作数。在图 4.45 中，当 X10 为 ON 时，将 D0 中的低 4 位二进制数译为七段码送到 Y7～Y0 端。

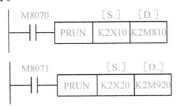

图 4.44　并行数据传送指令的示例梯形图　　　图 4.45　七段译码指令的示例梯形图

4.9.4 比例积分微分指令

PID（比例积分微分）指令用于模拟量的闭环控制，PID 指令的使用方法在第 7 章中介绍。

4.10　功能指令汇总表

功能指令汇总表如表 4.2 所示。

表 4.2　功能指令汇总表

分类	代码 FNC	助记符	操作功能	操作数			
				[S.]	[D.]	n	m
程序流程控制	00	CJ	跳转	—	P0～P127	—	—
	01	CALL	调用子程序	—	P0～P127	—	—
	02	SRET	子程序返回	—	—	—	—
	03	IRET	中断返回	—	—	—	—
	04	EI	允许中断	—	—	—	—
	05	DI	禁止中断	—	—	—	—
	06	FEND	主程序结束	—	—	—	—
	07	WDT	监视定时器	—	—	—	—
	08	FOR	循环开始	K、H、KnX、KnY、KnM、KnS、T、C、D、V、Z	—	—	—
	09	NXT	循环结束	—	—	—	—

分类	代码 FNC	助记符	操作功能	操作数			
				[S.]	[D.]	n	m
数据传送和比较	10	CMP	比较	K、H、KnX、KnY、KnM、KnS、T、C、D、V、Z	Y、M、S 三个连续的元件	—	—
	11	ZCP	区间比较	K、H、KnX、KnY、KnM、KnS、T、C、D、V、Z	Y、M、S 三个连续的元件	—	—
	12	MOV	传送	K、H、KnX、KnY、KnM、KnS、T、C、D、V、Z	KnY、KnM、KnS、T、C、D、V、Z	—	—
	13	SMOV	移位传送	K、H、KnX、KnY、KnM、KnS、T、C、D、V、Z	KnY、KnM、KnS、T、C、D、V、Z	K、H 有效范围 1～4	
	14	CML	求反传送	K、H、KnX、KnY、KnM、KnS、T、C、D、V、Z	KnY、KnM、KnS、T、C、D、V、Z	—	—
	15	BMOV	数据块传送	KnX、KnY、KnM、KnS、T、C、D（文件寄存器）	KnY、KnM、KnS、T、C、D（文件寄存器）	K、H，n≤512	
	16	FMOV	多点传送	KnX、KnY、KnM、KnS、T、C、D、V、Z	KnY、KnM、KnS、T、C、D、V、Z	K、H，n≤512	
	17	XCH	数据交换	—	[D1] [D2] KnY、KnM、KnS、T、C、D、V、Z	—	—
	18	BCD	BCD 变换	KnX、KnY、KnM、KnS、T、C、D、V、Z	KnY、KnM、KnS、T、C、D、V、Z	—	—
	19	BIN	BIN 变换	KnX、KnY、KnM、KnS、T、C、D、V、Z	KnY、KnM、KnS、T、C、D、V、Z	—	—
四则运算和逻辑运算	20	ADD	加法	[S1] [S2] K、H、KnX、KnY、KnM、KnS、T、C、D、V、Z	KnY、KnM、KnS、T、C、D、V、Z		
	21	SUB	减法				
	22	MUL	乘法				
	23	DIV	除法				
	24	INC	加 1	—	KnY、KnM、KnS、T、C、D、V、Z	—	—
	25	DEC	减 1				
	26	WAND	字逻辑与	K、H、KnX、KnY、KnM、KnS、T、C、D、V、Z	KnY、KnM、KnS、T、C、D、V、Z	—	—
	27	WOR	字逻辑或				
	28	WXOR	字逻辑异或				
循环和移位	30	ROR	循环右移		KnY、KnM、KnS、T、C、D、V、Z	K、H	
	31	ROL	循环左移				
	32	RCR	带进位右移	—	KnY、KnM、KnS、T、C、D、V、Z	K、H	
	33	RCL	带进位左移				
	34	SFTR	位右移	X、Y、M、S	Y、M、S	K、H	
	35	SFTL	位左移				
	36	WSFR	字右移	KnX、KnY、KnM、KnS、T、C、D、V、Z	KnY、KnM、KnS、T、C、D、V、Z	K、H	
	37	WSFL	字左移				

分类	代码 FNC	助记符	操作功能	操作 数			
				[S.]	[D.]	n	m
数据处理	40	ZRST	区间复位	—	Y、M、S、T、C、D (D1≤D2)	—	—
	41	DECO	解码	K、H、X、Y、M、S、T、C、D、V、Z	Y、M、S、T、C、D	K、H，n=1~8	—
	42	ENCO	编码	X、Y、M、S、T、C、D、V、Z	T、C、D、V、Z		
	45	MEAN	平均值	KnX、KnY、KnM、KnS、T、C、D	KnY、KnM、KnS、T、C、D、V、Z	K、H，n=1~64	
	48	SQR	开方值	K、H、D	D	—	—
	49	FLT	浮点操作	D	D	—	—
高速处理	53	HSCS	高速计数器置位	[S1] K、H、KnX、KnY、KnM、KnS、T、C、D、V、Z	[S2] C235~C255 / Y、M、S	—	—
	54	HSCR	高速计数器复位				
	55	HSZ	高速计数器区间比较	[S1] [S2] K、H、KnX、KnY、KnM、KnS、T、C、D、V、Z	[S3] C235~C255 / Y、M、S 三个连续元件	—	—
	57	PLSY	脉冲输出	K、H、KnX、KnY、KnM、KnS、T、C、D、V、Z	Y	—	—
	58	PWM	脉宽输出				
方便指令	60	IST	状态初始化	X、Y、M	S20~S899	—	—
	66	ALT	交替输出	—	Y、M、S	—	—
	67	RAMP	斜坡信号	D	D	K、H	—
外部设备	73	SEGD	七段译码	K、H、KnX、KnY、KnM、KnS、T、C、D、V、Z	Y	K、H	—
	78	FROM	特殊功能块读出数据	—	KnY、KnM、KnS、T、C、D、V、Z	K、H	K、H
	79	TO	特殊功能块数据写入	K、H、KnX、KnY、KnM、KnS、T、C、D、V、Z		K、H	K、H
	80	RS	串行通信	D	D	K、H、D	K、H、D
	81	PRUN	并行运行	KnX、KnM	KnY、KnM	—	—
	85	VRRD	模拟量读出	K、H	KnY、KnM、KnS、T、C、D、V、Z	—	—
	86	VRSC	模拟量开关设定	K、H	KnY、KnM、KnS、T、C、D、V、Z	—	—
	88	PID	PID 运算	K、H、KnX、KnY、KnM、KnS、T、C	D	—	—

习 题 4

4.1 简述功能指令的基本形式。

4.2 简述字元件和位元件的定义，字元件和位元件组合有哪些区别？

4.3 变址寄存器有什么功能？试举例说明。

4.4 试问以下元件是什么类型元件？由几位组成？

X001、S20、V2、M8000、C15、M800、D8000、D150、KnS30。

4.5 试分析图4.46所示梯形图的功能，并画出对应X6变化的时序波形图。

图 4.46 题 4.5 图

4.6 设PLC输入端X10、X11、X12、X13、X14的闭合顺序如表所示，试分析图4.47所示梯形图的功能，并将Y0～Y7的状态填入表格内。（设Y端的初始状态为0，执行条件X每次由OFF→ON→OFF改变）。

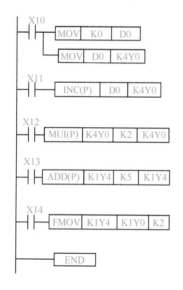

执行条件的 动作顺序	输出Y的状态			
	Y7 Y6	Y5 Y4	Y3 Y2	Y1 Y0
X10				
X11				
X12				
X13				
X14				

图 4.47 题 4.6 图

4.7 设PLC输入端X17～X0的状态为"0000 1000 1111 0001"，D0中的内容为"0000 0000 0011 0010"，试分析如图4.48所示的梯形图，将PLC输出端Y的状态变化情况填入表格内。（设Y端的初始状态为0，X执行条件每次由OFF→ON→OFF改变）

输出 Y 执行条件 X	Y17～Y14	Y13～Y10	Y7～Y4	Y3～Y0
X20＝ON				
X21＝ON				
X22＝ON				
X23＝ON				
X24＝ON				

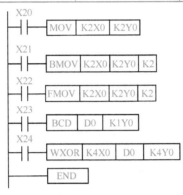

图 4.48　题 4.7 图

第 5 章　FX 系列 PLC 通信技术

□ 本章要点

1. PLC 通信的基本知识。
2. FX 系列 PLC 的网络通信参数设置及控制程序的设计方法。
3. PLC 网络通信应用举例。

随着计算机通信网络技术的日益成熟及工业对工业自动化程度要求的提高，生产过程的自动控制系统从传统的集中式控制向多级分布式控制方向发展，构成控制系统的 PLC 也就必须要具备通信及网络的功能，要能够相互连接，远程通信。现在即便是微型和小型的 PLC 也都具有网络通信接口。网络的总体发展趋势是向高速、多层次、大信息吞吐量、高可靠性和开放式的方向发展。

5.1　PLC 通信的基本知识

5.1.1　通信系统的基本概念

1. PLC 通信系统的基本组成

通信系统由硬件设备和软件共同组成。硬件设备包括发送/接收设备和通信介质（总线）等。通信软件有通信协议和通信编程软件。通信系统组成示意图如图 5.1 所示。由图可知，通信传送设备至少有两个，即发送设备和接收设备。对于多台设备之间的数据传送，可以有主机（主站）和从机（从站）之分。主机在通信控制中起到控制、发送和处理信息的主导作用，从机被动地接收、监视和执行主机的信息。主机和从机在实际通信时，由数据传送的结构来确定主从关系。在 PLC 通信系统中，传送设备可以是 PLC、计算机或其他各种外围设备。

图 5.1　通信系统组成示意图

2. 通信方式

根据通信系统中数据传输方式的不同，数据通信的基本方式分为两种：并行通信方式和串行通信方式。

（1）并行通信。将传送数据的每一位同时传输的方式称为并行传输，如图5.2所示。并行数据通信以传送数据的位为单位，除了使用8根或15根数据线和一根公共线外，还需要通信双方之间进行联络用的控制线。

并行数据通信的特点是：传输速度快，不论是8位还是15位传输数据，只需要一个时钟周期的传送时间，但所需的传输线数目多，成本较高，通常用于传输速率高的近距离数据传输，如打印机与计算机之间的数据传送。

（2）串行通信。串行通信只用一根数据线进行传输，多位数据在一根数据线上顺序传送，如图5.3所示。这是一种以二进制的位为单位的数据传输方式。串行通信每次只传送一位，除了公共线外，在一个数据传输方向上只需要一根数据线，这根线既可以作为数据线，又可以作为通信联络用的控制线。

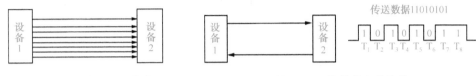

图5.2 8位数据并行传输　　　　　图5.3 8位数据串行传输

串行通信的特点是：数据传输速度慢，但通信时需要的信号线少（最少只需要两根线），在远距离传输时通信线路简单、成本低，常用于远距离传输而速度要求不高的场合。串行通信在工业控制中应用广泛，计算机和PLC都有通用的串行通信接口（如RS-232C）。

在串行通信中，数据传输速率（又称比特率）通常是指每秒传送的二进制位数。不同的串行通信网络其传输速率差别极大，常用的标准数据传输率为300b/s、500b/s、9500b/s等。

① 串行通信的数据通路形式。串行通信按照信息在设备间的传输方向，分为单工、半双工和全双工3种方式，如图5.4所示。单工通信是指信息的传递始终保持一个固定的方向，不能进行反方向传送。半双工是指在两个通信设备间的同一时刻只能由一个设备发送数据，而另一个设备只能接收数据，两个设备不能同时发送或接收信息。全双工是指两个通信设备可以同时发送和接收信息，线路上任何时刻可有两个方向的数据在传送。

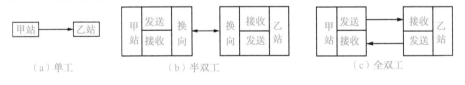

图5.4 单工、半双工和全双工

② 串行通信的同步方式。在串行通信中，为了保证发送和接收数据的一致性，可以采用两种通信方式，即异步串行通信方式和同步串行通信方式。

异步串行通信方式是将传输的数据按照某位数进行分组（通常以8位字节为单位），在每组数据的前面和后面分别加上一位起始位和停止位，根据需要还可以在停止位加一位校验位，并且停止位的长度还可以增加，这样组合成的一组数据，称为一帧。

发送设备一帧一帧地发送，接收设备一帧一帧地接收，加入了起始位、停止位及校验位，就可以确保数据传输的完整性。接收设备若发现某一帧数据缺少了必需的起始位或停止位，可以要求发送设备重新传送这一帧数据。异步串行通信的数据格式如图5.5所示。在异步传输方式中加入了起始位、停止位及校验位后，保证了异步传输数据的可靠性和正确性，但是加入了这些内容后，造成异步串行通信的传输效率降低，因而提出了同步串行传输的通信方式。

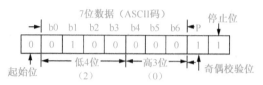

图 5.5　异步串行通信的数据格式

同步串行通信方式对每一帧数据的分组方式做了一些改进。同步串行通信方式不再由字节构成，而是以数据块为单位，每个数据块可以由多个字节构成，只在每个数据块的前后加上起始位和停止位即可。这样减少了需要额外传输的控制数据长度，提高了传输效率。

3. 通信介质

一个通信系统不论采用并行还是串行传输方式，数据最终要通过某种介质和接口才能从发送设备传送到接收设备。在通信系统中，可以将通信介质比做输送数据信息的管道，管道的好坏及畅通的程度决定了通信的质量。PLC 对通信介质的基本要求是具有传输效率高、能量损耗小、抗干扰能力强、性价比高等特性。

目前，PLC 通信大多数采用有线介质，如双绞线、同轴电缆、光纤等。由于工业环境中存在各种各样的干扰，因此对于 PLC 网络通信来讲，要求通信介质必须具备较高的抗干扰能力，所以双绞线和同轴电缆适用于 PLC 的通信。

4. 通信接口

（1）RS-232 通信接口。RS-232 通信接口是数据通信中应用最为广泛的一种串行接口，它是数据终端设备与数据通信设备进行数据交换的接口。

RS-232C 是标准的 25 针 D 型连接器，如图 5.6 所示。通常插头在数据终端设备（DTE）端，插座在数据通信设备（DCE）端。"RS"是英文"推荐标准"的缩写，"232"是标识号，"C"表示此标准修改的次数。它既是一种协议标准，又是一种电气标准，规定了终端和通信设备之间信息交换的方式和功能。

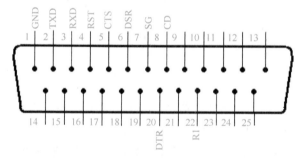

图 5.6　RS-232C 接口 25 针外形图

RS-232C 各引脚的定义是：TXD 为连接到设备的接地线；RXD 为数据输出线；RST 为要求发送数据；CTS 为回应对方 RTS 的发送许可，告诉对方可以发送；DSR 为告知本机在待命状态；DTR 为告知数据终端处于待命状态；CD 为载波检测，用于确认是否收到载波；SG 为信号的接地线。

RS-232C 采用负逻辑，规定逻辑"1"电平在 -5～-15V 范围内，逻辑"0"电平在 5～15V 范围内，具有较高的抗干扰能力。

（2）RS-422 通信接口。RS-422 通信接口定义有 RS-232C 通信接口所没有的 10 种电路功能，规定用 37 针的连接器。采用差动发送、差动接收的工作方式，发送器、接收器使用 +5V 的电源，因此在通信速率、通信距离、抗干扰能力等方面较 RS-232C 通信接口有很大的提高，其数据的传输速率可达 10Mb/s，通信距离为 12～1200m。

（3）RS-485 通信接口。RS-485 通信接口是 RS-422 通信接口的改进，RS-485 采用半双工通信方式，它的电气接口电路采用了差分传输方式，抗共模干扰能力增强，输出阻抗低，并且无接地回路，适合于远距离数据传输。

PLC 主要是通过 RS-232、RS-422 和 RS-485 等通用通信接口进行联网通信的。若联网通信的两台设备都具有同样类型的接口，可以直接通过适配的电缆连接实现通信。若两台设备的通信接口不同，则要采用一定的硬件设备进行接口类型的转换。三菱公司生产的这类设备采用功能扩展板和独立机箱型两种基本结构形式。功能扩展板通信接口（如 FX$_{2N}$-485-BD 型）没有外壳，安装在 PLC 的机箱内使用，其构成的通信距离最大为 50m；而独立机箱型接口（如 FX$_{2N}$-485ADP 型）属于扩展模块一类，其采用适配器构成的通信距离最大为 500m。

5. 通信协议

PLC 网络和计算机网络一样，也是由各种数字设备（其中也包括 PLC、计算机）和终端设备（显示器、打印机等）通过通信线路连接起来的复合系统。在这个系统中，由于数字设备的型号、通信线路的类型、连接方式、同步方式、通信方式的不同，给网络的通信带来了不便。不同系列、不同型号的计算机，PLC 通信方式各有差异，造成了通信软件需要依据不同的情况进行开发。这不仅涉及数据的传输，而且还涉及 PLC 网络的正常运行，因此在网络系统中，为确保数据通信双方能正确且自动地进行通信，针对通信过程中的各种问题，制定了一整套的约定，这就是网络系统的通信协议，又称网络通信规程。

通信协议主要用于规定各种数据的传输规则，使之能更有效地利用通信资源，保证通信的畅通，接发双方都必须严格遵守通信协议的各项规定。通信软件则是人与通信系统之间沟通的一个工具，使用者可以通过通信软件了解整个系统运作的情况，进而对系统进行各种控制和管理，如同道路交通管理中的交通规则。

网络通信协议是一组约定，通常至少应有两种功能：一是通信，包括识别和同步；二是信息传输，包括传输正确的保证，错误检测和修正等。具体来讲，网络协议主要有以下 3 个组成部分。

（1）语义。语义是对协议元素含义的解释。不同类型的协议元素所规定的语义是不同的，如需要发出何种控制信息、完成何种动作及得到的响应等。

（2）语法。将若干个协议元素和数据组合在一起用来表达一个完整的内容所应遵循的格式，称为语法。语法是对信息的数据结构做出的一种规定，如用户数据与控制信息的结构与格式等。

（3）时序。时序是对事件实现顺序的详细说明。例如，在双方进行通信时，发出一个数据报文，如果目标点正确收到，则回答源点接收正确；若接收到错误的信息，则要求源点重发一次。

由此可以看出，协议实质上是网络通信时所使用的一种联络语言。

5.1.2　FX₂ₙ系列 PLC 的通信形式

FX₂ₙ系列 PLC 支持以下 4 种类型的通信形式。

（1）并行通信。FX₂ₙ系列 PLC 可以采用 FX₂ₙ-485-BD 内置通信板和专用通信电缆连接实现两台同系列 PLC 间的并行通信。

（2）计算机与多台 PLC 之间的通信。一台计算机采用 RS-485 通信接口与多台 PLC 之间进行通信，多见于计算机为上位机的控制系统中，这时的各个 PLC 均可以接收上位机的命令，并将执行结果送给上位机，形成一个简单的集中管理、分散控制的分布式控制系统。

（3）N∶N 网络通信。采用 RS-485 通信接口在 FX 系列 PLC 之间进行简单的数据连接，实现多机通信互联，常用于生产过程中的集散控制与集中管理等。

（4）无协议通信。采用具备 RS-422 通信接口或 RS-485 通信接口的各种设备，以无协议的方式进行数据交换，对于 PLC 只需编写实现通信功能的梯形图即可实现通信。常用于 PLC 与计算机、条形码阅读器、打印机和各种智能仪表等串口设备之间的数据交换。

5.2　PLC 与计算机的通信

PLC 和计算机的通信是一种最简单、最直接的通信方式，一般的 PLC 都具有和计算机通信的功能。当 PLC 和计算机联网通信后，可充分地发挥出计算机在系统管理、数据处理、图像显示、文字处理及打印报表等方面的优点。利用计算机可以实现 PLC 采用梯形图编程，使程序的自动监控执行更加直观和形象，可以实现生产过程的模拟仿真、生产过程的流程图和检测量变化的显示，还可以进行数据显示等。

5.2.1　计算机与多台 PLC 的连接

一台计算机和多台 PLC 连接通信，称为 1∶N 型网络。一台计算机最多可以连接 16 台 PLC。如图 5.7 所示为采用 RS-485 通信的 1∶3 型网络连接示意图，图中 PLC 采用 FX₂ₙ-485-BD 型内置通信板和 FX-485PC-IF 型接口转换模块，将一台计算机和 3 台 PLC 连接为通信网络，可进行 PLC 和计算机之间的信息交换。

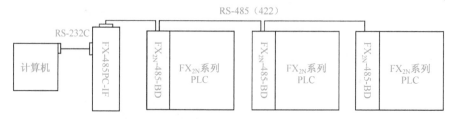

图 5.7　采用 RS-485 通信的 1∶3 型网络连接示意图

5.2.2　通信协议

FX 系列 PLC 与计算机采用 RS-232C 标准，通信协议的有关规定如下所述。

1. 数据格式

通信采用异步串行方式，通信协议的数据交换格式为字符串的方式，由奇偶校验位、起始位、停止位和数据位组成。数据位利用字符串的 ASCⅡ 码表示。数据是以帧为单位发送和接收的，FX 系列 PLC 与计算机通信的数据格式如图 5.8 所示。

2. 通信控制字符

通信控制字符有 ENQ、ACK、NAK、STX 和 ETX 共 5 个。PLC 和计算机之间的数据传输以帧为单位，每一帧为 10 个字符，其中 ENQ、ACK 和 NAK 可以构成单字节字符帧，其余的字符在发送和接收时，必须以字符 STX 为起始符，ETX 为结束符，否则将不能保持同步，会产生错帧。表 5.1 所示为 FX 系列 PLC 与计算机的通信控制字符及含义。

表 5.1　FX 系列 PLC 与计算机的通信控制字符及含义

字　　符	ASCⅡ 码	数据格式	注　　释
ENQ	05H	1100001010	来自计算机的查询信号
ACK	06H	1100001100	无校验错误，PLC 对 ENQ 的确认应答信号
NAK	15H	1100101010	检测到错误，PLC 对 ENQ 的否认应答信号
STX	02H	1100000100	数据（信息帧）的起始标志
ETX	03H	1100000110	数据（信息帧）的结束标志

3. 通信命令

FX 系列 PLC 有 4 条通信命令，分别是读命令、写命令、强制为 ON 命令和强制为 OFF 命令。表 5.2 所示为 FX 系列 PLC 的通信命令代码及功能说明。

表 5.2　FX 系列 PLC 的通信命令代码及功能说明

命　　令	命 令 代 码	目 标 元 件	功 能 说 明
读	0：ASCⅡ码 30H	X，Y，M，S，T，C，D	读软继电器状态及数据
写	1：ASCⅡ码 31H	X，Y，M，S，T，C，D	将数据写入软继电器
强制为 ON	7：ASCⅡ码 37H	X，Y，M，S，T，C	强制为 ON
强制为 OFF	8：ASCⅡ码 38H	X，Y，M，S，T，C	强制为 OFF

4. 报文格式

多字符传送时构成多字符帧，一个多字符帧由字符 STX、命令码、数据段、字符 ETX 及校验位组成。计算机向 PLC 发出的报文格式如图 5.8（a）所示，PLC 向计算机发出的应答报文格式如图 5.8（b）所示。

5. 传输规程

在 FX 系列 PLC 与计算机的通信中，无论是读操作还是写操作，PLC 始终为被动状态，都是由计算机发出信号，传输规程说明如图 5.9 所示。

开始通信时由计算机发出一个控制字符 ENQ，去询问 PLC 是否做好通信准备，同时也可以检查 PLC 与计算机之间的连接是否正确。当 PLC 接收到该字符后，如果正处在 STOP 状态，则立即做出回答，如通信有错，则回答 NAK；如通信正常，则回答 ACK。若 PLC 正处于 RUN 状态，则要等待至本次扫描结束时（至 END 指令）才能回答。

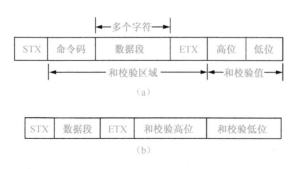

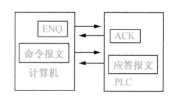

图 5.8　报文格式　　　　　　　　图 5.9　传输规程说明

如果计算机发出一个 ENQ 后经过 5s 没有收到回答，则计算机会再次发出 ENQ 控制字符，仍没有回答说明连接有错。在计算机收到回答字符 ACK 后，就可以进行数据通信了。

6. 通信格式

PLC 和计算机通信的详细协议采用 PLC 内部的特殊辅助继电器 D8120 进行设置，具体的设置内容为数据长度、校验形式、传输速率和协议方式等。

如图 5.10 所示为 D8120 的设置示例。如果采用模式 1 标准，图中梯形图程序的设置为：无协议通信、传送数据长度为 7 位、偶校验位、1 位停止位和 9600b/s 数据通信速率。当多台 PLC 连接时，还要用 D8121 设置 PLC 的站号。站号的设置范围为 00～07CH。采用 D8129 设置检验时间。检验时间指的是计算机向 PLC 传送数据失败时，从传送开始至接收完最后一个字符所等待的时间。计算机向 PLC 传送的字符串的格式如图 5.11 所示。

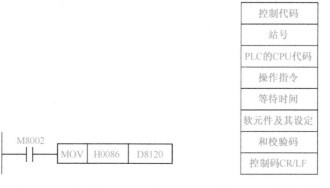

图 5.10　D8120 的设置示例　　　　图 5.11　字符串的格式

5.3　FX₂ₙ系列 PLC 的 N∶N 通信网络

N∶N 连接通信协议用于 FX 系列 PLC 之间的自动数据交换。N∶N 网络主要应用于工业生产过程的复杂控制系统中，应用于网络中的 PLC 都有各自不同的控制任务，但是通过相互之间的连接通信，可以达到统一管理和共同控制的目的。

5.3.1　N∶N 网络的特点

（1）采用 RS-485 通信传输标准。

（2）最多连接 8 台 PLC，一台为主机，其他为从机。

（3）采用 FX_{2N}-485-BC 通信模块时，其通信距离最大为 50m；采用 FX_{0N}-485-ADP 通信模块时，其最大距离可达 500m。

（4）通信方式为半双工通信方式。

（5）采用设置通信模式（三种）的方法，确定可供数据交换的共享区域。

5.3.2 N∶N 网络的参数设置

N∶N 网络中有系统指定的共享数据区域，即网络中的每一台 PLC 都要提供各自的编程元件组成网络交换数据的共享区域。网络编程元件的共享区域如表 5.3 所示。

对于网络中的每一台 PLC，都可以将自身用于网络交换的数据存入共享数据区域。网络中的每一台 PLC 使用网络中其他 PLC 自动传来的数据，就像读取自身内部数据区的数据一样方便。采用 N∶N 网络通信，能连接一个小规模系统中的数据，每一个 PLC 都可以监视网络中其他 PLC 共享区域中的数据。N∶N 网络的设置只有在程序运行或 PLC 启动时才有效。N∶N 网络的参数设置内容如下。

（1）D8176：站号设置。D8176 的取值范围为 0～7，主机应设置为 0，从机设置为 1～7。

（2）D8177：设置从机个数。该设置只适用于主机，设定范围为 1～7，默认值为 7。

（3）D8178：设置刷新范围。刷新范围是指所有共享数据区域中寄存器的复位操作范围。对于网络中不同型号的 PLC，其内部编程元件的地址和范围各有差异，所以要根据 PLC 的机型设置刷新范围。

刷新范围的设定有两步：首先由主机的 D8178 设置刷新模式（0、1、2 共三种，默认值为 0），参见表 5.4 的内容。当刷新模式设定后，N∶N 网络中主机和从机的刷新范围也就确定了，其主、从机的共享辅助继电器和数据寄存器的使用范围也就确定了。假设采用 FX_{2N} 型 PLC 进行联网，如果设定模式为 1，则参考表 5.3 的内容就可以知道采用模式 1 编程元件的共享区域了。

表 5.3　网络编程元件的共享区域

站号	模式 0	模式 1		模式 2	
	4 点字元件	32 点位元件	4 点字元件	64 点位元件	8 点字元件
0	D0～D3	M1000～M1031	D0～D3	M1000～M1063	D0～D7
1	D10～D13	M1064～M1095	D10～D13	M1064～M1127	D10～D17
2	D20～D23	M1128～M1159	D20～D23	M1128～M1191	D20～D27
3	D30～D33	M1192～M1223	D30～D33	M1192～M1255	D30～D37
4	D40～D43	M1256～M1287	D40～D43	M1256～M1319	D40～D47
5	D50～D53	M1320～M1351	D50～D53	M1320～M1383	D50～D57
6	D60～D63	M1384～M1415	D60～D63	M1384～M1447	D60～D67
7	D70～D73	M1448～M1479	D70～D73	M1448～M1511	D70～D77

表 5.4　刷新模式

通信元件	刷新模式（刷新范围）		
	模式 0	模式 1	模式 2
	（FX_{0N}、FX_{1S}、FX_{1N}、FX_{2N}、FX_{2NC}）	（FX_{1N}、FX_{2N}、FX_{2NC}）	（FX_{1N}、FX_{2N}、FX_{2NC}）
位元件	0 点	32 点	64 点
字元件	4 点	4 点	8 点

（4）其他相关标志寄存器和数据寄存器。

① M8038：设置网络参数。

② M8183：在主机通信错误时为 ON。

③ M8184～M8190：在从机产生错误时为 ON。

④ M8191：在与其他从机通信时为 ON。

⑤ D8179：主机设定通信重试次数，设定值为 0～10（默认值为 3），该设置仅用于主机，当通信出错时，主机就会根据设置的次数自动重试通信。

⑥ D8180：设置主机和从机间的通信驻留时间，设定值为 5～255，对应设置的通信驻留时间为 50～2550ms。

5.3.3 N：N 通信网络示例

如图 5.12 所示为 3：3 通信网络示意图。图中的系统有 3 个站点，其中 1 个为主站，2 个为从站，每个站点的 PLC 都连接一个 FX_{2N}-485-BD 通信板，通信板之间用单根双绞线连接，刷新范围选择模式 1，重试次数选择 3，通信超时选择 50ms，要求系统的功能为：

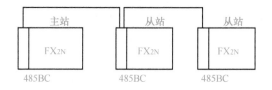

图 5.12　3：3 通信网络示意图

（1）将主站点的输入点 X0～X3 输出到从站点 1 和 2 的输出点 Y10～Y13。

（2）将从站点 1 的输入点 X0～X3 输出到主站和从站点 2 的输出点 Y14～Y17。

（3）将从站点 2 的输入点 X0～X3 输出到主站和从站点 1 的输出点 Y20～Y23。

根据系统的功能要求，图 5.13 所示为主站的程序梯形图，图 5.14 所示为从站点 1 的程序梯形图，图 5.15 所示为从站点 2 的程序梯形图。

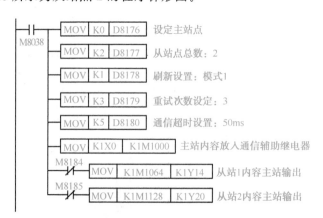

图 5.13　主站的程序梯形图

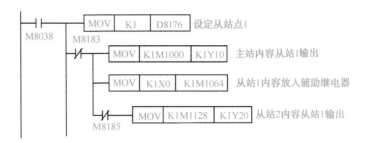

图 5.14 从站点 1 的程序梯形图

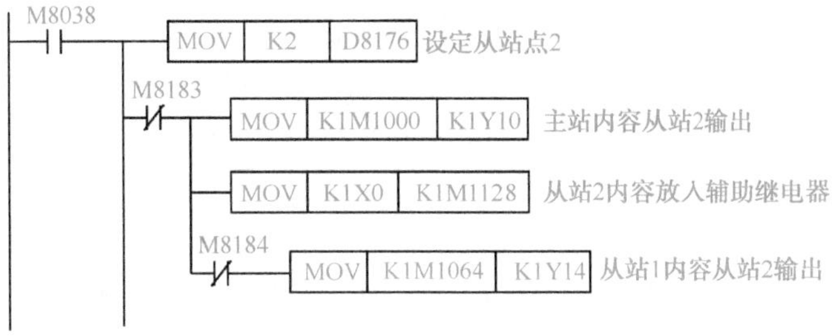

图 5.15 从站点 2 的程序梯形图

5.4 双机并行通信

5.4.1 与并行通信有关的标志寄存器

1. 并行通信的标志寄存器

并行通信可采用两台 FX 系列 PLC 实现相互间的数据自动传送。与并行通信有关的标志寄存器如表 5.5 所示。

表 5.5 与并行通信有关的标志寄存器

元 件 号	操 作 功 能
M8070	为 ON 时，PLC 作为并行连接的主机
M8071	为 ON 时，PLC 作为并行连接的从机
M8072	PLC 运行在并行连接时为 ON
M8073	在并行连接时，主机和从机中任何一个设置出错时为 ON
M8162	为 OFF 时为一般模式，为 ON 时为高速模式

2. 使用方法

将两个都安装有通信模块的 FX 系列 PLC 的基本单元，采用单根带屏蔽的双绞线连接，即可组成双机并行通信网络。编程时用 M8070 和 M8071 设定主机和从机，用特殊辅助继电器在两台可编程控制器之间进行自动的数据传送。另外，并行连接分为一般模式和高速模式，两种模式由 M8162 的 ON/OFF 状态识别。

5.4.2　并行通信模式的设置与连接

如图 5.16 所示为两台 FX₂N 主单元用两块 FX₂N-485-BD 模块的通信连接示意图。

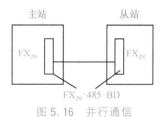

图 5.16　并行通信

设图 5.16 的配置选用一般模式（特殊辅助继电器 M8162 为 OFF），主站、从站的设定和通信用特殊继电器和数据寄存器如图 5.17 所示。按照并行通信方式连接好两台 PLC 后，将其中一台 PLC 的特殊辅助继电器 M8070 置为 ON 状态，表示该台 PLC 为主站；将另一台 PLC 中的 M8071 置为 ON 状态，表示该台 PLC 为从站。

两台并行通信的 PLC 投入运行后，主站内的 M800～M899 的状态随时可以被从站读取，即从站通过这些 M 的触点状态就可以知道主站内相应线圈的状态，但是从站不可以再使用同样地址的线圈（M800～M899）。同样，从站内的 M900～M999 的状态也可以被主站读取，即主站通过这些线圈的触点就可以知道从站内相应线圈的状态，但是主站也不能再使用M900～M999 线圈。

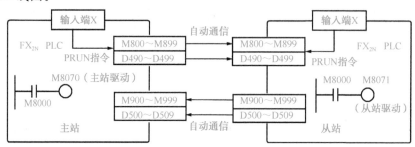

图 5.17　并行通信编程元件说明

另外，主站中数据寄存器 D490～D499 中的数据可以被从站读取，从站中的数据寄存器D500～D509 中的数据也可以被主站读取。

5.4.3　双机并行通信示例

设如图 5.16 所示并行通信系统的控制要求为：

（1）主站点输入 X0～X7 的 ON/OFF 状态输出到从站点的 Y0～Y7。

（2）当主站点的计算结果（D0+D2）大于 100 时，从站点的 Y10 为 ON。

（3）从站点的 M0～M7 的 ON/OFF 状态输出到主站点的 Y0～Y7。

（4）用从站点 D10 中的数值设置主站点定时器 T0 的值。

根据控制要求，并行通信主站点的程序梯形图如图 5.18 所示，并行通信从站点的程序梯形图如图 5.19 所示。

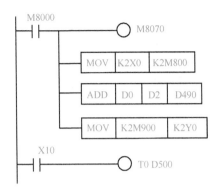

图5.18 并行通信主站点的程序梯形图

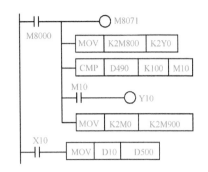

图5.19 并行通信从站点的程序梯形图

习 题 5

5.1 FX 系列 PLC 的通信形式有哪几种？

5.2 简述 N∶N 网络通信的特殊辅助寄存器的功能。

5.3 简述通用通信接口的类型及特点。

5.4 双机并行通信的两台 PLC 是怎样交换数据的？

5.5 N∶N 通信网络的各站之间是怎样交换数据的？

5.6 什么是半双工通信方式？

5.7 采用两台 FX_{2N} 型 PLC，通过 RS-485-BD 内置通信板和专用通信电缆连接，构建一个 N∶N 型通信网络。其中一台设置为主机，另一台设置为从机。要求编程实现以下通信控制功能。

（1）按下主机的呼叫按钮 SB0，从机的指示灯 HL 点亮；按下从机的呼叫按钮 SB1，主机的指示灯 HL 点亮。

（2）当从机检测到主机出现通信错误时，从机点亮从机端设置的主机通信故障指示灯。同理，当主机检测到从机通信出现错误时，点亮主机端的从机通信故障指示灯。

（3）采用从机的计数器，对某生产过程中的参数进行计数，在计数器计满时点亮主机端的指示灯，由主机设定计数器的设定值，并控制计数器复位。

（4）设置主机和从机的通信检测指示灯，对主、从机的"通信准备到位"进行检测。当其指示灯点亮时，表明对方未准备好通信工作。

5.8 采用两台 FX_{2N} 系列 PLC 实现并行通信控制。试设计通信控制程序，要求完成的具体功能为：

（1）主机的信号 X0～X7 由从机的 Y0～Y7 端输出。

（2）当主机的计算值（D0＋D1）＝100 时，由从机的 Y10 端输出信号，并采用 LED 指示。

（3）将从机的辅助继电器 M0～M7 的状态由主机的 Y0～Y7 端输出。

（4）由从机的 X10 控制，将从机的数据寄存器 D10 的内容传送到主机，作为主机定时器 T0 的设定值（10s）。

第6章 FX₂N系列 PLC 的特殊功能模块

□ **本章要点**

1. 特殊功能模块的类型及用途。
2. 模拟量 I/O 模块的使用方法。
3. 模拟量 I/O 模块的参数设置及编程示例。

在工业控制中，大多数被控物理量（如压力、温度、流量、转速等）都是模拟量信号，同时很多执行机构（如伺服电动机、调节阀等）要求 PLC 输出模拟量的控制信号，为此，PLC 生产厂家开发了许多特殊功能模块，如模拟量输入/输出模块、温度调节模块、PID 过程控制模块等。另外，还有一些具有专门用途的模块，如高速计数模块、脉冲输出模块、可编程凸轮控制器等。这些模块和 PLC 基本单元的配合使用，大大增强了 PLC 的控制功能，扩大了 PLC 的应用范围。本章主要介绍 FX₂N 系列 PLC 常用的模拟量 I/O 模块的主要功能、电路连接及编程的方法。

6.1 特殊功能模块的类型及使用方法

6.1.1 FX₂N 系列 PLC 特殊功能模块的类型及用途

1. 模拟量输入模块

模拟量输入模块用于将温度、压力、流量等传感器输出的模拟量电压或电流信号，转换成数字信号供 PLC 基本单元使用。FX₂N 系列 PLC 的模拟量输入模块主要有 FX₂N-2AD 型 2 通道模拟量输入模块、FX₂N-4AD 型 4 通道模拟量输入模块、FX₂N-4AD-PT 型 4 通道热电阻传感器用模拟量输入模块、FX₂N-4AD-TC 型 4 通道热电偶传感器用模拟量输入模块等。

2. 模拟量输出模块

模拟量输出模块主要用于将 PLC 运算输出的数字信号，转换为可以直接驱动模拟量执行器的标准模拟电压或电流信号。FX₂N 系列 PLC 的模拟量输出模块主要有 FX₂N-2DA 型 2 通道模拟量输出模块、FX₂N-4DA 型 4 通道模拟量输出模块等。

3. 过程控制模块

过程控制模块用于生产过程中模拟量的闭环控制。使用 FX₂N-2LC 过程控制模块可以实现过程参数的 PID 控制。FX₂N-2LC 模块的 PID 控制程序由 PLC 生产厂家设计并存储在模块中，用户使用时只需设置其缓冲寄存器中的一些参数即可，使用非常方便，一般应用在大型的过程控制系统中。

4. 脉冲输出模块

脉冲输出模块可以输出脉冲串，主要用于对步进电动机或伺服电动机的驱动，实现多点定位控制。与 FX$_{2N}$ 系列 PLC 配套使用的脉冲输出模块有 FX$_{2N}$-1PG、FX$_{2N}$-10GM、FX$_{2N}$-20GM 等。

5. 高速计数器模块

利用 FX$_{2N}$ 系列 PLC 内部的高速计数器可以进行简单的定位控制，对于更高精度的点位控制，可以采用 FX$_{2N}$-1HC 型高速计数器模块。高速计数器模块 FX$_{2N}$-1HC 是适用于 FX$_{2N}$ 系列 PLC 的特殊功能模块。利用 PLC 的外部输入或 PLC 的控制程序可以对 FX$_{2N}$-1HC 计数器进行复位和启动控制。

6. 可编程凸轮控制器

可编程凸轮控制器 FX$_{2N}$-IRM-SET 是通过专用旋转角传感器 F$_2$-720-RSV 实现高精度角度、位置检测和控制的专用功能模块，可以代替机械凸轮开关实现角度控制。

6.1.2 模拟量I/O模块的使用说明

1. 模拟量模块的连接与编号

模拟量模块和 PLC 配合使用时，要采用 FROM/TO（读/写）指令实现数据通信。为了使 PLC 能够准确地查找到指定的特殊功能模块，每个特殊功能模块都有一个确定的编号，依据安装位置从最靠近 PLC 基本单元的那个模块开始顺序编号，最多可连接 8 台模块，其对应的编号为 0～7 号（PLC 的扩展单元不在此编号的范围内）。

如图 6.1 所示，一台 FX$_{2N}$-48MR 型 PLC 的基本单元，通过扩展单元总线与 FX$_{2N}$-4AD 型模拟量输入模块、FX$_{2N}$-16EX 型扩展单元、FX$_{2N}$-4DA 型模拟量输出模块、FX$_{2N}$-32ER 型扩展单元及 FX$_{2N}$-4AD-PT 型温模拟量输入模块连接，连接完毕后，由各个模块的安装位置便确定了它们各自的编号。

FX$_{2N}$-48MR（基本单元）	FX$_{2N}$-4AD（0 号）	FX$_{2N}$-16EX	FX$_{2N}$-4DA（1 号）	FX$_{2N}$-32ER	FX$_{2N}$-4AD-PT（2 号）

图 6.1　PLC 基本单元与特殊功能模块的连接示意图

2. PLC 基本单元与特殊功能模块之间的读/写操作

（1）缓冲寄存器 BFM。模拟量 I/O 模块内部均有数据缓冲寄存器 BFM，它是 PLC 基本单元和模拟量模块进行数据通信的区域。数据缓冲寄存器 BFM 由 32 个 16 位的寄存器组成，其编号为 BFM♯0～BFM♯31。根据模拟量模块技术说明书中对 BFM 的 32 个寄存器的规定进行编程使用，可实现模拟量模块的参数设置及和 PLC 基本单元间的数据交换。

（2）PLC 基本单元和模拟量模块间的读/写操作指令。FX$_{2N}$ 系列 PLC 与模拟量模块之间的通信通过执行 FROM/TO 指令实现。FROM 为各种特殊功能模块的读指令，用于 PLC 基本单元从特殊功能模块中读取数据，TO 为各种特殊功能模块的写指令，用于 PLC 基本单元将数据写入到特殊功能模块中。FROM/TO 指令的目标元件是特殊功能模块中的缓冲寄存器 BFM。

特殊功能模块的读/写指令示例梯形图如图 6.2 所示。在图 6.2 中，用 FROM 读特殊功能模块指令将特殊功能块中的数据读出，用 TO 写特殊功能模块指令将 PLC 内部的数据写入特殊功能块中。

编号 m1 的含义：连接在 PLC 基本单元右边扩展总线上的功能模块，从最靠近基本单元的那个模块开始编号（指令中的 m1），m1 依次为 0～7。

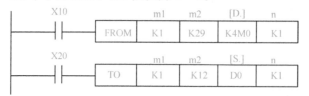

图 6.2　特殊功能模块的读/写指令示例梯形图

n 的含义：待传送数据的字数，n＝1～32（16 位操作），n＝1～16（32 位操作）。

m2 的含义：特殊功能模块中缓冲寄存器的首元件号。

在图 6.2 中，当 X10＝ON 时，将编号为 m1（K1）的特殊功能模块内编号为 m2（即 K29）开始的 n（K1）个数据缓冲寄存器（BFM）的数据读入 PLC，并存入［D.］开始的 n（K1）个数据寄存器（K4M0）中；当 X20 为 ON 时，将 PLC 基本单元中从［S.］指定的元件（D0）开始的 n（K1）个数据写到编号为 m1（K1）的功能模块中的编号为 m2（即 K12）开始的 n（K1）个数据缓冲寄存器中。

3. 模拟量模块 I/O 特性的调整

FX_{2N}-4AD 的模拟量输入范围为：－10～＋10V、－20～＋20mA 和＋4～＋20mA。对模拟量输入模块可以采用手动操作硬件和编程的方法对其 I/O 特性进行调整。定义通道的输出数字量为 0 时，模拟量的输入值为偏移值（零点偏移量），定义通道的数字量输出为 1000 时，对应的模拟量输入为增益值。

对 FX_{2N}-4AD 模拟量输入模块进行偏移量和增益设定时，需注意：当选择为模拟电压输入时，PLC 的默认值为 5V；选择为电流输入时，其默认值为 20mA。在图 6.3（a）中，对应数字量 1000 的模拟量数值 a1 表明为小增益 I/O 特性，即读取数字值间隔大；a3 表明为大增益 I/O 特性，即读取数字值间隔小。

零点偏移说明如图 6.3（b）所示。当模块的通道为电流输入时，PLC 的默认值为 4mA；当通道为电压输入时，其默认值为 0V。

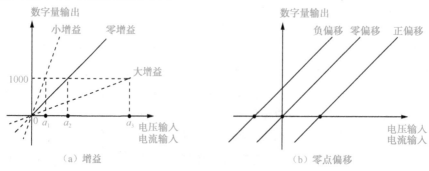

图 6.3　增益和偏移量的定义

各个输入通道的增益和偏移值可以单独设定，也可以一起设定，一起设定时所有通道将具有相同的增益值和偏移量。增益值的合理调整范围为 1～15V 或 4～32mA；偏移量的合理调整范围为－5～＋5V 或－20～＋20mA。

调整时需注意以下几点。

（1）当 I/O 特性很陡时，灵敏度太高，输入数字量变化很小就会引起模拟量的输出剧烈地增加或减少。

（2）当 I/O 特性比较平缓时，灵敏度太低，在输入数字量变化较小时，其相应的输出模拟量的变化甚微。

（3）模拟量输出的最小值可能变化，但 FX₂ₙ-4DA 模块的分辨率是固定的。

6.2 FX₂ₙ-4AD 模拟量输入模块

6.2.1 FX₂ₙ-4AD 模拟量输入模块的连接及设置

1. FX₂ₙ-4AD 模拟量输入模块的连接

FX₂ₙ-4AD 为 12 位高精度模拟量输入模块，它具有 4 个 A/D 输入通道，输入信号的类型有－10～＋10V 电压、－20～＋20V 和＋4～＋20mA 电流。每个通道可以独立指定为电压输入或电流输入。FX₂ₙ系列 PLC 基本单元最多可以连接 8 台 FX₂ₙ-4AD 型模拟量输入模块。

FX₂ₙ-4AD 模块的电流和电压输入信号的连接方法不同。如图 6.4 所示为 FX₂ₙ-4AD 模拟量输入模块的接线端子说明，图中的接线端子被连接为两个通道为电压信号输入、两个通道为电流信号输入。

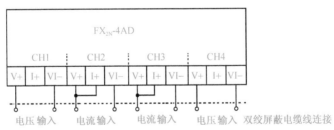

图 6.4　FX₂ₙ-4AD 模拟量输入模块的接线端子说明

2. FX₂ₙ-4AD 模拟量输入模块的设置

模拟量模块 FX₂ₙ-4AD 的缓冲寄存器 BFM，是模块的工作设定及与 PLC 基本单元通信的数据中介单元，采用模块读/写操作，可实现参数设定和数据交换。

FX₂ₙ-4AD 模拟量输入模块的数据缓冲寄存器 BFM♯0～BFM♯31 的设置内容说明如下。

（1）对 BFM♯0（0 号数据缓冲寄存器）采用 4 位十六进制数设置 4 个通道的输入类型，缓冲寄存器 BFM♯0 的设置如图 6.5 所示。例如，BFM♯0 被设置为 H3310，则表示通道 1 被设定为：－10～＋10V 电压输入；通道 2 被设定为：＋4～＋20mA 电流输入；CH3、CH4 被设定为关闭。

（2）由 BFM♯1～BFM♯4 分别设置 1～4 通道求转换数据平均值时的采样数（1～4096），默认值为 8。

（3）BFM♯5～BFM♯8 用于存放 1～4 通道转换数据的平均值。

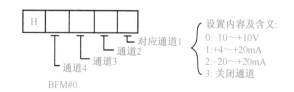

图 6.5　FX₂N-4AD 模拟量输入模块 BFM＃0 的设置

（4）BFM＃9～BFM＃12 用于存放 1～4 通道转换数据的当前值。

（5）BFM＃13～BFM＃14 及 BFM＃16～＃19 不能使用。

（6）BFM＃15 设置为 0 时，为正常转换速度（15ms/通道）；设置为 1 时，为高速转换速度（6ms/通道）。

（7）BFM＃20 被设置为 1 时，模拟量模块被激活，模块内的设置值被复位为默认值。

（8）BFM＃21 的 b1b0 位被设置为 01 时，允许改动零点和增益的设定值。

（9）BFM＃22 为零点和增益调节功能设置。BFM＃22 的低 8 位用于设定 4 个通道零点和增益的允许调节功能，如 BFM＃22 的最低两位设置为二进制数 00000011（十进制数 3）时，允许调节 1 号通道的零点和增益；如设置为 00001100，则允许调节 2 号通道的零点和增益，其他类推。

（10）BFM＃23、BFM＃24 为零点和增益的设定值。

（11）BFM＃29 为错误状态信息，反映 FX₂N-4AD 功能模块的运行是否正常。

（12）BFM＃30 中存放的是模拟量模块的识别码，FX₂N-4AD 的识别码为 K2010。采用 FROM 指令将其读入 PLC 基本单元，用户在传送数据前可先利用识别码确认此功能模块。

6.2.2　FX₂N-4AD 模拟量输入模块的应用

1. FX₂N-4AD 模拟量输入模块的基本设置程序设计

假设 FX₂N-4AD 模拟量输入模块连接在最靠近 PLC 基本单元的位置（编号为 1），要求仅开通 CH1 和 CH2 通道作为电压输入通道，计算 4 次平均值并存入 PLC 的数据寄存器 D0 和 D1 中。如图 6.6 所示为使用 FX₂N-4AD 模拟量输入模块的梯形图程序。

FX₂N-4AD 的识别码为 K2010，用户编程时可使用这个识别码，用以在传输和接收数据之间确认此特殊功能模块。

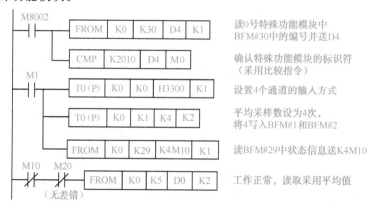

图 6.6　使用 FX₂N-4AD 模拟量输入模块的梯形图

2. FX₂ₙ-4AD 模拟量模块输入通道零点和增益调整程序的设计

假设 FX₂ₙ-4AD 模拟量输入模块连接在最靠近 PLC 基本单元的位置，要求开通 CH1 通道作为电压输入通道，要求对 FX₂ₙ-4AD 的 CH1 通道的电压输入信号进行零点和增益的调整，设定该通道的零点值为 0V，增益调整值为 2.5V。如图 6.7 所示为对 FX₂ₙ-4AD 输入通道零点和增益的调整程序。

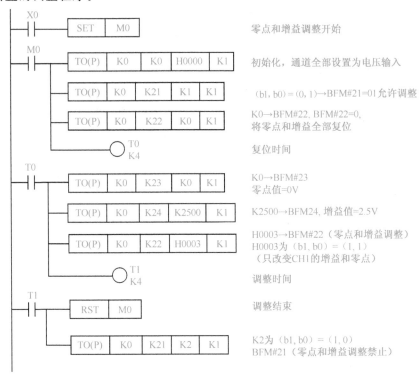

图 6.7　对 FX₂ₙ-4AD 输入通道零点和增益的调整程序

6.3　FX₂ₙ-4DA 模拟量输出模块

6.3.1　FX₂ₙ-4DA 模拟量输出模块的连接及设置

1. FX₂ₙ-4DA 模拟量输出模块的连接

FX₂ₙ-4DA 为 12 位高精度模拟量输出模块，具有 4 个 D/A 输出通道，输出信号的类型有 −10～+10V 电压、−20～+20mA 及 0～+20mA 电流。每个通道可以独立指定为电压输出或电流输出，用于控制变频器等外部模拟量输入的设备。

FX₂ₙ-4DA 模块的电流和电压输出信号的连接方法不同。如图 6.8 所示为 FX₂ₙ-4DA 模拟量输出模块的接线端子说明，图中的模拟量输出端被连接为 2 个电流信号输出和 2 个电压信号输出。

2. FX₂ₙ-4DA 模拟量输出模块的设置

模拟量模块 FX₂ₙ-4DA 的缓冲寄存器 BFM，是模块的工作设定及与 PLC 基本单元通信的数据中介单元，采用模块读/写操作，可实现参数设定及通信联络。

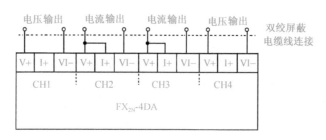

图 6.8 FX$_{2N}$-4DA 的接线端子说明

FX$_{2N}$-4DA 模拟量输出模块的数据缓冲寄存器 BFM♯0～BFM♯31 的设置内容说明如下。

（1）对 BFM♯0 采用 4 位十六进制数设置模拟量输出模块 4 个通道输出信号的类型。缓冲寄存器 BFM♯0 的设置如图 6.9 所示。假如设置为 H2110，表示输出通道 1 设置为：−10～+10V 电压输出；通道 2 和通道 3 设置为：+4～+20mA 电流输出；通道 4 设置为：0～+20mA 电流输出。

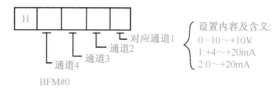

图 6.9 FX$_{2N}$-4DA 模拟量输出模块 BFM♯0 的设置

（2）由 BFM♯1～BFM♯4 分别设置 1～4 通道数据缓冲寄存器的初始值为零。

（3）BFM♯5 为数据输出保持缓冲寄存器，可以设置为保留数据或复位到零位。当 BFM♯5 被设置为 H0000，PLC 从运行到停止时，其运行过程中的数据被保留。若 BFM♯5 被设置为 H0011，则 CH3 和 CH4 为保持，CH1 和 CH2 为复位到零位。

（4）BFM♯8 和 BFM♯9 为零点和增益值的调整功能设定。当设置为允许调整零点和增益值时，可通过指令 TO 将要调整的数据写入到 BFM♯10～BFM♯17 中。

（5）BFM♯10～BFM♯17 为零点和增益值的设定值（调整值）。设置值的单位是 mV 或 μA。

（6）BFM♯20 为初始化设定，被设置为 1 时，FX$_{2N}$-4DA 输出模块的全部设置变为默认值。

（7）BFM♯21 用于用户 I/O 特性的允许调整设定。可以将用户的 I/O 特性设置为"被禁止"或"被保留"。若将用户的 I/O 特性设置为"被保留"，则用户的 I/O 特性允许调整。

（8）BFM♯29 为错误状态显示缓冲寄存器。当特殊功能模块产生错误时，利用 FROM 指令可以读出错误信息。

（9）BFM♯30 中存放的是特殊功能模块的识别码，FX$_{2N}$-4DA 的识别码为 K3020，可以在用户传送数据前，利用识别码确认此功能模块。

6.3.2　FX$_{2N}$-4DA 模拟量输出模块的应用

1. FX$_{2N}$-4DA 模拟量输出模块的基本设置程序设计

假设 FX$_{2N}$-4DA 模拟量输出模块的编号为 1 号，要求 CH1 和 CH2 通道作为−10～+10V 的电压输出通道，CH3、CH4 通道为 0～+20mA 的电流输出通道，当 PLC 从 RUN 转为

STOP 状态后，要求 CH1、CH2 的输出值保持不变，CH3、CH4 的输出回零。如图 6.10 所示为使用 FX₂ₙ-4DA 模拟量输出模块的基本设置程序。

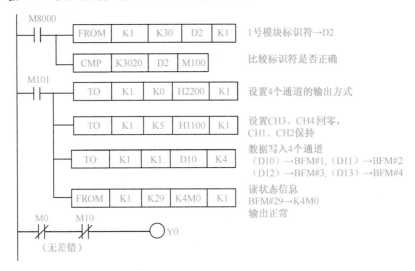

图 6.10　使用 FX₂ₙ-4DA 模拟量输出模块的基本设置程序

2. FX₂ₙ-4DA 模拟量输出模块的输出设置程序的设计

假设 FX₂ₙ-4DA 模拟量输出模块的编号为 1 号，要求将 PLC 基本单元的 D10～D13 中的数据通过 FX₂ₙ-4DA 功能模块的 4 个输出通道输出，要求 CH1、CH2 设置为 −10～+10V 的电压输出通道，CH3、CH4 设置为 0～+20mA 的电流输出通道，PLC 从 RUN 转为 STOP 状态后，CH1、CH2 通道的输出保持不变，CH3、CH4 的输出回零。如图 6.11 所示为使用 FX₂ₙ-4DA 模拟量模块的梯形图程序。

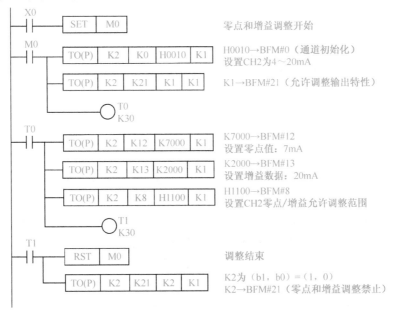

图 6.11　使用 FX₂ₙ-4DA 模拟量模块的梯形图程序

6.4 FX$_{2N}$-4AD-PT 温度模拟量输入模块

温度模拟量输入模块用于将温度传感器输出的电信号转换成数字信号，和 PLC 的基本单元配合用于生产过程中模拟量的闭环控制。

6.4.1 FX$_{2N}$-4AD-PT 温度模拟量输入模块的连接及设置

1. FX$_{2N}$-4AD-PT 温度模拟量输入模块的连接

FX$_{2N}$-4AD-PT 为高精度温度模拟量输入模块，该模块有 4 个 A/D 输入通道，将 4 个铂电阻温度传感器的输入信号放大后，再转换成 12 位的可读数据存储在主处理单元（MPU）中。该模块对摄氏度和华氏度都可以读取。如图 6.12 所示为 FX$_{2N}$-4AD-PT 温度模拟量输入模块的接线端子说明。图中，Pt100 为铂电阻温度传感器，采用三线制连接方式，要求采用传感器的电缆或双绞屏蔽线作为模拟量的输入电缆。

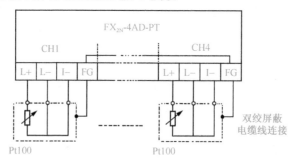

图 6.12 FX$_{2N}$-4AD-PT 的接线端子说明

2. FX$_{2N}$-4AD-PT 温度模拟量输入模块的设置

FX$_{2N}$-4AD-PT 模块和 PLC 基本单元之间通过缓冲寄存器 BFM 进行参数设置和数据交换，采用 FROM/TO 指令实现读/写操作。FX$_{2N}$-4AD-PT 模块的数据缓冲寄存器 BFM♯1～BFM♯31 的设置内容说明如下。

（1）BFM♯1～BFM♯4 分别为 1～4 通道采样值的平均值。1～4096 为采样平均值的有效范围，溢出的值将被忽略，默认值为 8。

（2）BFM♯5～BFM♯8 和 BFM♯13～BFM♯16 为最近转换数据的一些可读平均值。

（3）BFM♯9～BFM♯12 和 BFM♯17～BFM♯20 用于保持输入数据的当前值，两者的单位分别为 0.1℃ 和 0.1℉，分别是通道 1～4 转换数据的当前值。

（4）BFM♯28 为数字范围错误锁存。BFM♯28 锁存每个通道的错误信息，用于检查热电阻是否断开。采用 TO 指令给 BFM 写入 K0 或者关闭电源可以清除错误。

（5）BFM♯29 为数字范围的错误状态。依据 BFM♯29 中的内容可以判断温度测量值是否在允许的范围内。

（6）BFM♯30 中存放的是特殊功能模块的识别码，FX$_{2N}$-4AD-PT 单元的识别码为 K2040，在 PLC 用户程序中使用这个识别码，可以在数据交换前确认此功能模块。

6.4.2 FX₂ₙ-4AD-PT 温度模拟量输入模块的应用

假设 FX₂ₙ-4AD-PT 模拟量输入模块的编号为 2 号，即安置在第 3 个紧靠 PLC 基本单元的位置，要求 4 个通道的模拟输入量的采样次数为 4，CH1～CH4 通道的数据单位为℃，将 4 个通道的数据分别存放到 PLC 基本单元的数据寄存器 D0～D3 中。

如图 6.13 所示为使用 FX₂ₙ-4AD-PT 模拟量输入模块的梯形图程序。

图 6.13（a）所示程序用于检查系统的正确配置，BFM♯30 中的内容为模块的标识符，K2040 为 FX₂ₙ-4AD-PT 的识别码。

图 6.13（b）所示程序用于出错检查，如果在 FX₂ₙ-4AD-PT 中存在错误，BFM♯29 的 b0 位将为 ON，可以由程序控制读出，并输出控制信号（此例中是 M3＝ON）。

图 6.13（c）所示程序为采用 TO 写指令设置输入通道及采样值平均值次数，采用 FROM 读指令读取 FX₂ₙ-4AD-PT 的 4 个输入通道的平均温度值，并存放到 PLC 基本单元的数据寄存器中，FROM 指令中 K2 为模拟量模块的编号，K4 为待传送数据的缓冲寄存器 BFM 的个数，K5 为 BFM 的首元件号。

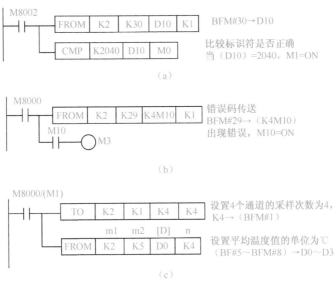

图 6.13 使用 FX₂ₙ-4AD-PT 模拟量输入模块的梯形图程序

6.5 FX₂ₙ-2LC 过程控制模块

FX₂ₙ-2LC 为过程控制模块，采用该模拟量模块可以实现过程参数的 PID 控制。PID 控制是通过设置 P（比例系数）、I（积分时间）和 D（微分时间）实现控制的。FX₂ₙ-2LC 模块的 PID 控制程序由 PLC 生产厂家设计并存储在模块中。用户使用时只需要设置其内部的缓冲寄存器（BFM）中的一些参数，就可以实现 PID 控制规律。FX₂ₙ-2LC 模块一般用于大型生产过程控制系统中。

1. FX_{2N}-2LC 模块的特点

FX_{2N}-2LC 模块有以下特点。

（1）有两个温度信号输入通道和两个晶体管电路输出通道，可接入热电偶或热电阻温度传感器。

（2）一个模块能同时控制两个闭环温度过程控制系统。

（3）模块提供具有自整定的 PID 控制、位式控制（继电器控制）和 PI 控制。

（4）电流检测器（CT）能测出输入信号的断线故障。

2. FX_{2N}-2LC 模块的连接

（1）编号。FX_{2N}-2LC 模块采用扩展电缆与 PLC 基本单元相连，PLC 基本单元将 FX_{2N}-2LC 模块视为特殊功能模块，编号的方法同样是采用 PLC 基本单元对特殊功能模块的编号方法，最多可连接 8 台功能模块，依据功能模块距 PLC 基本单元的位置，将对应的编号 0～7 自动分配给每一个 FX_{2N}-2LC。这些编号将被 FROM/TO（读/写）指令使用。

（2）连接。如图 6.14 所示为 FX_{2N}-2LC 模块的接线端子示意图。当 FX_{2N}-2LC 模块接入热电阻温度传感器时，接线方式如图 6.15（a）所示；当 FX_{2N}-2LC 模块接入热电偶温度传感器时，其接线方式如图 6.15（b）所示。

24−	OUT1	OUT2		CT	FG	TC− PTB		CT	FG	TC− PTB
24+	⏚	COM		CT	* PTA	TC+ PTB		CT	* PTA	TC+ PTB

图 6.14　FX_{2N}-2LC 模块的接线端子示意图

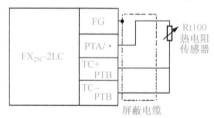

（a）FX_{2N}-2LC 模块接入热电阻温度传感器

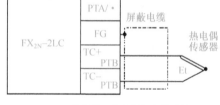

（b）FX_{2N}-2LC 模块接入热电偶温度传感器

图 6.15　FX_{2N}-2LC 模块接入温度传感器

3. FX_{2N}-2LC 模块的输入规格

FX_{2N}-2LC 模块的输入规格如表 6.1 所示。

表 6.1　FX_{2N}-2LC 模块的输入规格

项　目			描　述
温度输入	输入点数		2 点
	输入类型	热电偶	K、J、R、S、E、T、N、PLⅡ、Wre6～26、U、L
		电阻温度计球	Pt100、JPt100
	测量精度		环境温度为 23℃±6℃ 时，±0.3% 输出量程值±1 个字； 环境温度为 0℃～60℃ 时，±0.7% 输出量程值±1 个字
	冷触点温度补偿误差		在常规的冷端补偿误差温度补偿范围内，补偿误差为 ±1℃； 当输入值为 −160℃～−100℃ 时，补偿误差为 ±2℃； 当输入值为 −200℃～−160℃ 时，补偿误差为 ±3℃

项	目	描 述
温度输入	分辨率	0.1℃（0.1 ℉）或1℃（1 ℉）（随使用的传感器输入的变化而变化）
	采样周期	600ms
	外电阻的效果	近似 0.36mV/Ω
	输入阻抗	1MΩ 或更大
	传感器电流	近似 0.36mA
	允许输入主线电阻	10Ω 或更小
	当输入断开时运转	偏向高刻度
	当输入短路时运转	偏向低刻度
CT 输入	输入数	2点
	电流探测器	CTR-12-S36-8 或 CTL-6-P-H（U.R.D公司生产）
	加热器电流测量值	当使用 CTR-12 时：0～100A；当使用 CTR-6 时：0～30A
	测量精度	在输入值的±6%和2A之间较大的一个（不包括电流探测器精度）
	采样周期	1s

4. FX₂ₙ-2LC 模块的输出规格

FX₂ₙ-2LC 模块的输出规格如表 6.2 所示。

表 6.2 FX₂ₙ-2LC 模块的输出规格

项 目	描 述
输出点数	2点
输出方法	晶体管集电极开路输出
额定负载电压	DC 6～24V；大负载电压：DC≤30V
额定负载电流	100mA 时，在"关"状态时泄漏电流不超过 0.1mA
在 ON 状态时的最大电压降	在 10mA 时为 2.6V（最大）或 1.0V（典型）
控制输出周期	30s（变化范围 1～100s）

习 题 6

6.1 FX₂ₙ系列 PLC 的特殊功能模块有哪些？其功能和用途是什么？

6.2 使用 FX₂ₙ-4AD 和 FX₂ₙ-4DA 模块时有哪些设置内容及设置方法？

6.3 简述用于特殊功能模块的 FROM/TO 指令的操作功能及其各个操作数的含义。

6.4 FX₂ₙ-4AD 和 FX₂ₙ-4DA 各自的识别码是多少？

6.5 试对一个采用 FX₂ₙ系列 PLC 和 FX₂ₙ-4AD 模块组成的控制系统编写梯形图程序。该 FX₂ₙ-4AD 模块的位置编号为 2，要求通道 1 为 4～20mA 电流输入，通道 2 为－10～＋10V电压输入，通道 3 和通道 4 关闭；要求将 10 次采样的平均值存放到 PLC 基本单元的 D30 和 D40 中。

第7章 可编程控制器的实际应用

□ 本章要点

1. PLC控制系统的设计步骤。
2. 功能图设计顺序控制程序的方法。
3. PLC在过程控制中的应用实例。

7.1 PLC控制系统的设计

7.1.1 PLC控制系统设计的步骤和内容

1. PLC控制系统设计的基本原则

任何一个控制系统的设计都是以实现被控对象的工艺要求为前提，以提高生产效率、产品质量和生产安全为准则，因此，在设计PLC控制系统时，应遵循以下基本原则。

（1）最大限度地满足被控对象和用户的要求。

（2）在满足要求的前提下，力求使控制系统简单，使用方便，一次性投资小，使用后节约能源。

（3）保证控制系统安全、可靠，使用和维修方便。

（4）考虑到今后的发展和工艺的改进，在配置硬件设备时应留有一定的裕量。

2. PLC控制系统设计的步骤

如图7.1所示为PLC控制系统设计的一般步骤。首先应根据系统控制任务和要求，在分析工艺条件和控制要求的基础上，确定PLC控制的基本方式、要完成的动作、自动工作循环的组成、自动控制的动作顺序、必需的保护和联锁条件及故障指示等，在此基础上，根据控制任务确定PLC的机型，进行I/O地址分配，画出I/O接线图。对较复杂的控制系统，应根据生产工艺要求设计控制流程图，画出工作循环图表或详细的功能图。

在进行软件设计的同时，还要进行控制系统的硬件设计。硬件设计的内容包括：电动机主电路及元器件的选择；主令元件、传感器及执行元件的选择；PLC的I/O接线图；输出电路的外接电源；控制柜的结构及柜内供配电装置等。

程序的初步调试是在模拟状态下进行的。如果控制系统是由几个部分组成的，应先做局部调试，然后再进行整体调试。如果控制系统的步骤较多，则可先进行分段调试，然后再连接起来统调。

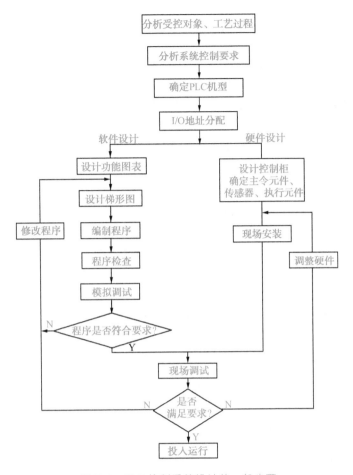

图 7.1 PLC 控制系统设计的一般步骤

现场调试是对实际受控对象进行调试。首先应仔细检查 PLC 的外部接线，硬件检查完毕后，将初步调试好的用户程序进行总调试。总调试时也可以采用先做局部调试试验或分段调试，直到各部分的功能都正常，并能协调一致贯通成一个完整的体系为止。对程序不能满足要求的，可以对硬件、软件进行调整，通常只需要修改程序即可达到调整的目的。全部调试好以后，将程序固化到存储器中，交用户使用。

3. PLC 控制系统设计的基本内容

（1）制定控制系统设计的技术条件。技术条件一般以设计任务书的形式来确定，它是整个系统设计的依据。

（2）选择主令元件和检测元件、电力拖动形式和电磁阀、调节阀等执行机构。

（3）选择 PLC 的型号。

（4）分配 PLC 的 I/O 点数，绘制 PLC 的 I/O 硬件接线图。

（5）设计控制系统的梯形图并调试。

（6）设计控制面板、电气控制柜及安装接线图等。

（7）编写设计说明图和使用说明书。

7.1.2 PLC硬件的选择

PLC的种类非常多，可以根据控制要求及PLC的功能、I/O点数、存储容量，以及安全可靠、维修方便、性价比高等因素加以综合考虑。对于一个企业，应尽量统一PLC的机型，这样其外部设备通用，资源可以共享，也易于联网通信，便于组成分布式控制系统。

1. PLC的I/O点数选择

首先要考虑控制要求，在这一前提下，还要兼顾价格及备用裕量。通常I/O点数是根据受控对象的输入、输出信号的实际需要，再加上10%～30%的备用量来确定的。

2. PLC结构形式的选择

对于整体式结构的PLC，其每一个I/O点的平均价格比模块式便宜，且体积相对较小，所以一般用于系统工艺过程较为固定的系统；而模块式PLC的功能扩展灵活方便，在I/O点数、I/O模块的种类等方面，选择余地大，维修时只需更换模块，同时故障判断也很方便，因此，模块式PLC一般用于较复杂的系统和工作环境较差的场合。

3. PLC安装方式的选择

PLC的安装方式可分为集中式、远程式和多台联网分布式3种。集中式不需要设置驱动远程I/O硬件，系统反应快，成本低。大型系统经常采用远程I/O式，因为它们的装置分布范围很广。对于多台联网的分布式控制，采用多台设备分别独立控制且相互之间采用通信联系方式时，则要选择具有较强通信功能的小型机。

4. PLC功能的选择

PLC的功能主要有逻辑运算、算术运算、计时、计数、数据处理、PID运算和通信功能。对于以开关量控制为主、带少量模拟量控制的系统，可以选用小型的且能配接A/D和D/A转换，具有加减算术运算、数据传送功能的PLC。对于控制系统较复杂，要求实现PID运算、闭环控制、通信联网等功能的系统，可按控制规模的大小及复杂程度选用中型或大型PLC。

7.1.3 控制程序的设计方法

常用的PLC程序设计方法有经验法和顺序功能图法。

1. 经验法

经验法设计控制程序的步骤为：了解受控设备及其工艺过程，分析控制系统的要求，选择控制方案；设计主令元件和检测元件，确定输入/输出信号；设计基本控制程序；在程序中加入联锁、互锁关系；设置必要的保护措施，检查、修改和完善程序。

经验设计法由于不规范，给使用和维护带来不便，也给控制系统的改进带来很多的困难，因此经验设计法一般仅适用于简单的梯形图设计。

2. 顺序功能图法

功能图和步进指令设计程序的方法易被初学者接受，设计的程序规范、直观，易阅读，也便于修改和调试。

7.1.4 减少所需I/O点数的方法

在工程设计中，经常遇到I/O点不够用的问题，如果直接增加硬件配置，会加大投资量，在实际设计时，可以采用改进接线与编程相结合的方法，减少所需PLC的I/O点数。

1. 减少输入点数的措施

（1）分组输入。一个控制系统常需要设置多种工作方式，若不同工作方式的程序不可能同时执行，则可以采用分组输入的方式。

例如，对控制系统的自动和手动控制方式采用分组输入接线方式，如图 7.2 所示。X0 用于自动/手动切换控制，将自动/手动需要的输入信号分成两组："自动"需要的输入信号为 SB3、SB4，"手动"需要的输入信号为 SB1、SB2，两组输入信号分别公用 PLC 的输入点 X1 和 X2，用工作方式选择开关 SA 来切换，并通过输入信号 X0 让 PLC 识别是"自动"还是"手动"信号，从而控制执行自动程序或手动程序。图中的二极管用于切断寄生信号，避免错误信号的产生，可见用一个输入端就可以分别反映两个输入信号的状态，节省了输入点数。

（2）将控制功能相同的操作开关并联连接。对于多个功能相同的操作按钮，在 PLC 输入点数较多的情况下，可以采用一般的接线方式，即一个操作按钮接到一个输入端。但当 PLC 的输入点数不够用时，可以采用并联连接的方式，如图 7.3 所示。

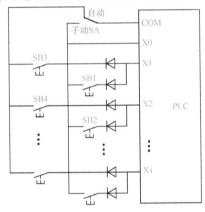
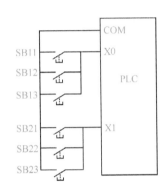

图 7.2 分组输入接线方式　　　　图 7.3 并联连接输入接线方式

另外，还有矩阵式的输入方式。除此之外，对于某些功能简单、涉及面窄的输入操作按钮，如某些手动按钮、电动机过载保护的热继电器触点等，放在外部电路可以满足控制要求的，就可以不进 PLC 的输入端。

2. 减少输出点数的措施

（1）分组输出。当两组负载不会同时工作时，可以通过外部转换开关或通过受 PLC 控制的电气触点进行切换，这样 PLC 的每个输出点可以控制两个不会同时工作的负载。如图 7.4 所示，KM1、KM3、KM5 和 KM2、KM4、KM6 两组执行元件不会同时接通，采用外部转换开关 SA 进行切换。

（2）并联输出。两个通断状态完全相同的负载，可并联后公用 PLC 的一个输出端子。采用这种方式必须要注意 PLC 输出端子驱动负载的能力。

（3）用编程方式使负载具有多个功能，用一个负载实现多种用途，也可以节省输出端子。如利用 PLC 编程的功能，用一个输出端指示灯的两种不同状态（如常亮和闪烁发亮）表示两种不同的信息，可以节省输出点数。除此之外，还可以将一些相对独立、比较简单的控制部分，不通过 PLC 而直接用继电器控制。

（4）PLC 和 LED 数字显示器件的连接。用 LED 数码显示器显示时，可以选用 MAXIN 公司生产的 LED 数码显示器驱动芯片 MAX8219，它与 PLC 采用 3 线串行接口，只占用 PLC 的 3 个输出端，可以驱动 8 个 LED 数码管，通过级联可以成倍增加数码管的数量，能够满足多位数的数字显示，如图 7.5 所示。

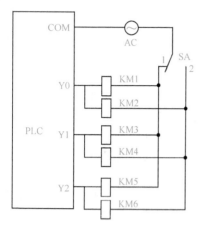

图 7.4　分组输出方式

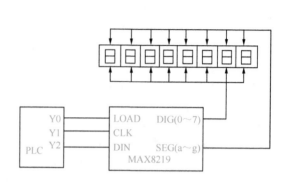

图 7.5　用 MAX8219 实现 PLC 和数字显示器的连接

在图 7.5 中，CLK 为时钟输入端，Y1 为 PLC 输出的串行数据，串行数据在时钟 CLK 的上升沿有效；LOAD 为加载数据输入端，在 LOAD 为低时允许数据输入，LOAD 由低到高，将串行输入的数据锁存到 MAX8219 内部 16 位移位寄存器中；8 个段码驱动信号 SEG（a～g）和 dp（小数点显示驱动）接每个显示器相应的段；8 个位选驱动信号 DIG（0～7）分别接显示器的共阴极公共地。

7.1.5　程序的调试与运行

PLC 程序调试和运行的步骤如下所述。

（1）程序的检查。将编好的程序输入编程器进行检查，修改后存入 PLC 的存储器中。

（2）模拟运行。模拟实际控制系统的输入信号，在程序运行中的适当时刻，通过手动操作开关接通或断开输入信号，来模拟各种机械动作使检测元件状态发生变化，同时通过 PLC 输出端状态指示灯的变化来观察程序执行的情况，与执行元件应该完成的动作相对照，判断程序的正确性。

（3）实物调试。采用现场的主令元件、检测元件及执行元件组成模拟控制系统，检验检测元件的可靠性及 PLC 的实际负载能力。

（4）现场调试。在现场安装完毕后进行现场调试，对一些参数（检测元件的位置、定时器的设定常数等）进行现场整定和调整。

（5）投入运行。对系统的所有安全措施（接地、保护、互锁等）进行检查后，即可投入试运行。试运行一切正常后，再把程序固化到 EPROM 中去。

7.2　PLC 在顺序控制中的应用

7.2.1　PLC 在机械加工中的应用

1. 机械手的 PLC 控制

如图 7.6 所示为一机械手的动作示意图，该机械手可以上下、左右动作。机械手的上下与左右运动分别由双线圈双位电磁阀驱动汽缸来控制，一旦某个方向的电磁阀得电，机械手就一直保持当前状态，直到另一个电磁阀得电后，才终止机械手的动作。机械手的夹紧与放松动作由一个单线圈双位电磁阀驱动汽缸来实现，要求控制夹紧和放松动作的时间，线圈得电时机械手夹紧，断电时机械手放松。机械手运动示意图如图7.7所示。

机械手的控制要求如下：

（1）初始位置。机械手停在初始位置（原点）上，其上限位开关和左限位开关闭合。

（2）机械手的动作过程（如图7.7所示）。

机械手由初始位置开始→向下→下限位开关闭合→夹紧工件（1s时间）→向上→上限位开关闭合→向右→右限位开关闭合→向下→下限位开关闭合→施放工件（1s时间）→向上→上限位开关闭合→向左→左限位开关闭合，一个工作周期结束。机械手返回到初始状态，继续循环工作下去。

（3）停止状态。按下停止按钮后，机械手要将当前工作周期的动作完成后，才能返回到初始位置。

（4）机械手动作操作方式。要求机械手有4种操作方式：点动工作方式、单步工作方式、单周期工作方式和连续（自动）工作方式。

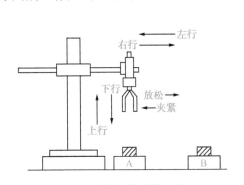

图7.6　机械手的动作示意图

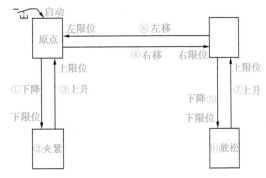

图7.7　机械手运动示意图

2. PLC控制程序设计

（1）I/O地址分配。根据机械手要完成的动作及4种工作方式，设定输入/输出控制信号，其I/O地址分配如表7.1所示。

表7.1　I/O地址分配

输入信号				输出信号	
下限位开关	X1	下降按钮	X10	下降	Y0
上限位开关	X2	左移按钮	X6	夹紧/放松	Y1
右限位开关	X3	右移按钮	X11	上升	Y2
左限位开关	X4	夹紧按钮	X12	右移	Y3
上升按钮	X5	放松按钮	X7	左移	Y4

（2）机械手的工作方式。机械手工作方式的PLC操作面板如图7.8所示。在操作面板上设置有波段开关和按钮开关，在各种工作方式下开关的操作说明如下所述。

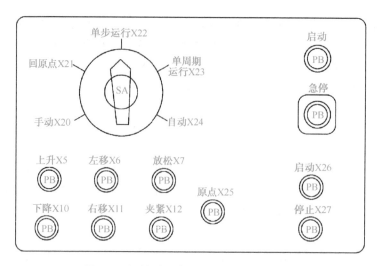

图 7.8 机械手工作方式的 PLC 操作面板

① 手动工作方式。首先将工作方式选择开关 SA 置于手动位置，再通过操作面板上的各个按钮（X5、X10、X12、X7、X6、X11）控制机械手完成相应的动作，即机械手的上升和下降、夹紧和放松、左移和右移。

② 单步工作方式。将工作方式选择开关 SA 置于单步位置，每按动一次启动按钮 X26，机械手就前进一个工步。

③ 单周期工作方式。将 SA 开关置于单周期位置，机械手在原点时，按下启动按钮 X26，机械手自动运行一个循环的动作后再返回原点停止。

④ 自动（连续）工作方式。将 SA 开关置于自动位置，机械手在原点时，按下启动按钮 X26，机械手可以连续反复运行。若中途按下停止按钮 X27，机械手将运行到原点后才停止。

⑤ 回原点。将 SA 开关置于回原点位置，按下按钮 X25，机械手自动回到原位。

⑥ 面板上设置的另一组启动按钮和急停按钮无 PLC 的 I/O 编号，说明它们不进入 PLC 的内部，与 PLC 运行程序无关。这两个按钮是用来接通或断开 PLC 外部负载电源的。

（3）机械手控制系统的程序设计。

① 初始状态设定。利用功能指令 FNC60（IST）编程，可以对所需使用的初始步状态器、步状态继电器的编号范围、一些特殊辅助继电器功能进行设定。

当图 7.9 中的功能指令 IST 满足执行条件时，下面的初始状态器及相应的特殊辅助继电器自动被指定为表 7.2 中的功能。

表 7.2 初始状态器、特殊辅助继电器的功能

S0：手动操作初始状态	M8040：禁止转移	M8043：回原点结束
S1：回原点初始状态	M8041：开始转移	M8044：原点位置条件
S2：自动操作初始状态	M8042：启动脉冲	M8047：STL 监控有效

图 7.9 中 IST 指令的原操作数 X20 用来指定与工作方式有关的输入继电器的首元件，即指定从 X20 开始的 8 个输入继电器，这 8 个输入继电器的编号及功能如表 7.3 所示。

表7.3 输入继电器的编号及功能

X20：手动	X23：单周期运行	X26：启动
X21：回原点	X24：连续运行（自动）	X27：停止
X22：单步运行	X25：回原点启动	

表7.3中的X20～X24这5个输入继电器只能单独为ON状态，必须使用工作方式选择开关，以保证5个输入端不能同时为ON状态。

② 初始化程序。一个控制程序必须有初始化功能，程序的初始化功能就是自动设定控制程序的初始化参数。在图7.9所示的初始化梯形图中，利用M8000为ON执行IST指令，完成了初始化功能，即表7.2中各元件的功能被确定。机械手控制系统的初始化程序是设定初始状态和原点位置条件。图7.9中的特殊辅助继电器M8044作为原点位置条件使用，M8044为FX系列PLC的原点条件继电器。当原点位置条件满足时，M8044接通，用M8044得电作为执行自动程序的进入条件。其他初始状态是由IST指令自动设定的。需要指出的是，初始化程序是在开始执行程序时执行一次，其结果存在寄存器中，这些状态在程序执行过程中大部分都不再变化，但S2的状态例外，它随着程序的执行而变化。

③ 手动工作方式的程序。如图7.10所示为手动工作方式梯形图，S0为手动操作初始状态控制触点，由初始化指令IST自动指定。当面板上的SA开关在手动位置时，S0自动闭合，按下X12，Y1被置位实现夹紧动作，按下X7，Y1被复位实现放松动作。同理，上升、下降、左移、右移是由相应的按钮来控制的。在上升、下降和左移、右移的控制作用中加入互锁作用。上限位开关X2＝ON为左移、右移的进入条件，即机械手必须处于最上端位置时才能进行左移、右移动作。

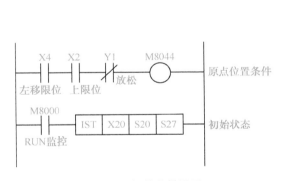

图7.9 初始化梯形图

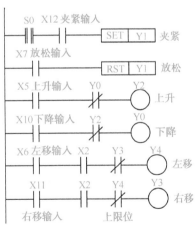

图7.10 手动工作方式梯形图

④ 回原点方式。如图7.11所示为机械手回原点方式功能图，图中S1是回原点的初始步状态器，由初始化指令IST指定。当图7.8所示操作面板中的SA开关置于回原点位置时，X21为ON，步状态器S1自动被置位。此时若按下原点按钮X25＝ON，程序转移到S10，Y1复位，机械手放松，机械手下降驱动端Y0被复位，Y2得电，机械手上升直至上限位开关X2闭合，转移到S11，右移驱动端Y3被复位，Y4得电，机械手左移，直至左限位开关X4闭合，转移到S12，M8043（回原点结束标志继电器）置位、S12复位，此时机械手停在原位

（最上端、最左端），Y1（夹紧）、Y2（放松）都复位，回原点结束。

另外，由 STL 指令指定，原点复位程序中只能使用 S10～S19 状态器。在原点复位结束后，M8043 被置位，S10～S19 将全部自行复位。

⑤ 自动工作方式。如图 7.12 所示为机械手自动工作方式功能图。图中 S2 是自动工作方式的初始状态器，在自动方式下 S2 自动被置位，M8041 为 ON 表明允许转移，M8044 为 ON 表明机械手在原位。

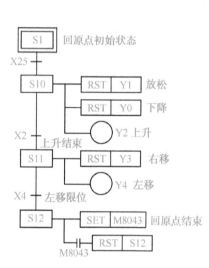

图 7.11 机械手回原点方式功能图

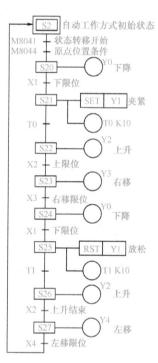

图 7.12 机械手自动工作方式功能图

当 M8041、M8044 闭合时，状态从 S2 向 S20 转移，S20 置位，Y0 得电，机械手下降，当运行到下限位开关 X1 闭合时，转移到 S21（S20 自动复位，Y0 失电），Y1 得电，机械手夹紧工件，同时定时器 T0 开始计时，当 1s 时间到时，T0 触点闭合，转移到 S22，Y2 得电，机械手上升，一直到上限位开关 X2 闭合时，转移到 S23，Y3 得电，机械手右移，一直到右限位开关 X3 闭合时，转移到 S24，Y0 得电，机械手下降，直到下限位开关 X1 又闭合时，转移到 S25，使得 Y1 复位，机械手松开工件，同时启动定时器 T1，经过 1s 延时时间后转移到 S26，Y2 得电，机械手上升，直到上限位开关 X2 闭合时，转移到 S27，Y4 得电，机械手左移到左限位开关 X4 闭合，返回到 S2，又进入下一个周期的工作过程。

⑥ 指令语句表。将上面设计的几部分梯形图转换成指令语句，如表 7.4 所示。

表 7.4 指令语句表

步序号	助记符	数 据	步序号	助记符	数 据	步序号	助记符	数 据
000	LD	X4	003	OUT	M8044			X20
001	AND	X2	004	LD	M8000			S20
002	ANI	Y1	005	IST				S27

续表

步 序 号	助 记 符	数 据	步 序 号	助 记 符	数 据	步 序 号	助 记 符	数 据
006	STL	S0	033	SET	S11	059	SET	S23
007	LD	X12	034	STL	S11	060	STL	S23
008	SET	Y1	035	RST	Y3	061	OUT	Y3
009	LD	X7	036	OUT	Y4	062	LD	X3
010	RST	Y1	037	LD	X4	063	SET	S24
011	LD	X5	038	SET	S12	064	STL	S24
012	ANI	Y0	039	STL	S12	065	OUT	Y0
013	OUT	Y2	040	SET	M8043	066	LD	X1
014	LD	X10	041	LD	M8043	067	SET	S25
015	ANI	Y2	042	RST	S12	068	STL	S25
016	OUT	Y0	043	STL	S2	069	RST	Y1
017	LD	X6	044	LD	M8041	070	OUT	T1
018	AND	X2	045	AND	M8044			K10
019	ANI	Y3	046	SET	S20	071	LD	T1
020	OUT	Y4	047	STL	S20	072	SET	S26
021	LD	X11	048	OUT	Y0	073	STL	S26
022	AND	X2	049	LD	X1	074	OUT	Y2
023	ANI	Y4	050	SET	S21	075	LD	X2
024	OUT	Y3	051	STL	S21	076	SET	S27
025	STL	S1	052	SET	YI	077	STL	S27
026	STL	S10	053	OUT	T0	078	OUT	Y4
027	SET	S10			K10	079	LD	X4
028	STL	S10	054	LD	T0	080	SET	S2
029	RST	Y1	055	SET	S22	081	RET	
030	RST	Y0	056	STL	S22	082	END	
031	OUT	Y2	057	OUT	Y2			
032	LD	X2	058	LD	X2			

7.2.2 按钮式交通灯的控制

1. 按钮式交通灯的控制要求

采用 PLC 对很少有行人通过的公路实现按钮式交通灯的自动控制。如图 7.13 所示为按钮式交通灯控制示意图。具体的控制要求为:无人通过公路时,车道始终为绿灯,人行道始终为红灯;当有人需要通过公路时,在人行横道边按下请求通过按钮后,交通灯控制系统按照表 7.5 中的时序控制交通灯点亮。

附加控制要求为:

(1) 在有人请求通过公路时,采用数字显示器对车道绿灯亮的时间进行倒计时显示。

（2）用脉冲信号驱动蜂鸣器实现人行道放行时间的声音提示，实现导盲功能。

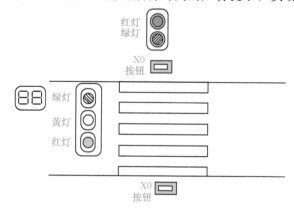

图 7.13　按钮式交通灯控制示意图

表 7.5　交通灯控制时序表

道路 ＼ 时序	交通灯点亮的时间及顺序					
	无人请求	有人请求通过公路（X0＝ON）				
车道	绿灯	绿灯 30s	黄灯 10s	红灯 5s	红灯 25s	
人行道	红灯	红灯 45s			绿灯 15s	绿灯闪 5s	红灯 5s

2. PLC 的 I/O 接线设计

（1）I/O 地址分配。PLC 的输入端 X0 接入人行道请求通过按钮开关，Y10～Y16 和 Y20～Y26 输出端口控制 2 个七段式数字显示器件，Y0～Y4 端口用于控制交通灯，Y7 端口控制蜂鸣器。I/O 地址分配如表 7.6 所示。

表 7.6　I/O 地址分配

输入地址		输出地址	
人行道按钮开关 SB	X0	车道红灯	Y0
		车道黄灯	Y1
		车道绿灯	Y2
		人行道红灯	Y3
		人行道绿灯	Y4
		蜂鸣器 HA	Y7
		车道绿灯计时显示	Y10～Y16
		车道绿灯计时显示	Y20～Y26

（2）I/O 接线设计。采用单相 220V 电源为 PLC 供电，同时驱动 PLC 输出端的交通灯 HL。LED 数字显示器和 HA 蜂鸣器采用 24V DC 电源（用户电源）驱动。PLC 的 I/O 接线图如图 7.14 所示。

3. PLC 的控制程序设计

（1）功能图设计。根据控制要求确定功能图采用并行结构形式。按钮式交通灯的控制程序功能图如图 7.15 所示。功能图分析：PLC 上电后，由区间复位指令 ZRST 给程序中使用的步状态器复位，并给 S0 步置位。S0 步控制车道绿灯亮，人行道红灯亮。如果人行道此时没有人请求通过，车道绿灯、人行道红灯的工作状态将一直持续下去，因为 X0 为 OFF 状态，所以程序不能转移到下一步执行。

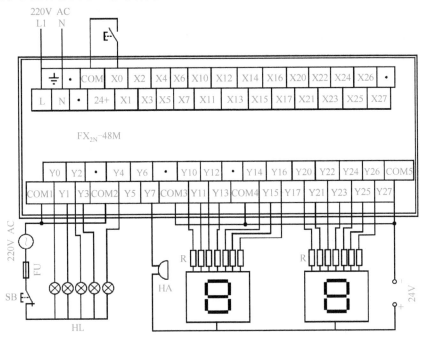

图 7.14 按钮式交通灯的 PLC 控制 I/O 接线图

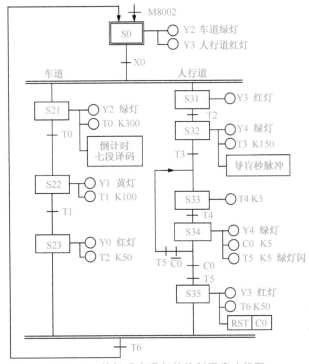

图 7.15 按钮式交通灯的控制程序功能图

当有人按下人行道请求通过按钮时，X0 为 ON，状态转移到 S21 和 S31 步，车道仍旧绿灯亮，人行道红灯亮，车道继续放行并开始计时，当 30s 时间到，车道黄灯亮 10s 后，接着红灯亮 5s（此时车道和人行道都是红灯亮），T2 的 5s 计时结束，T2 的动合触点闭合，S31 步转移到 S32 步，此刻关闭 S31 步，人行道红灯熄灭，绿灯点亮，但 S23 步未关闭，故车道仍保持红灯亮状态。人行道绿灯亮 15s 后，执行 S33 和 S34 组成的循环状态，此时人行道绿灯变为闪烁（闪烁 5 次时间为 5s），5s 结束后，人行道红灯亮，由 T6 控制点亮 5s，此时车道仍旧为红灯，由 T6 动合触点控制程序返回到初始步 S0，恢复为车道绿灯、人行道红灯的无人请求通过的初始状态，直至下次有人请求通过公路时，程序才能开始向下执行。

（2）梯形图设计。将图 7.15 所示的功能图采用步进指令转换成梯形图，如图 7.16 所示。

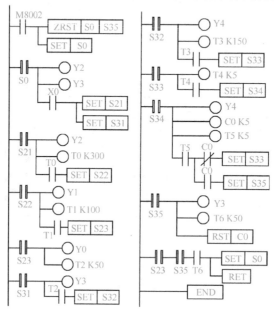

图 7.16　按钮式交通灯的控制程序梯形图

（3）附加控制要求的程序设计。

① 导盲蜂鸣器控制程序设计。为引导盲人安全通过人行道，采用秒脉冲驱动蜂鸣器发声提示。导盲秒脉冲控制程序如图 7.17（a）所示。当人行道的绿灯点亮时，程序执行到第 S32 步，定时器 T3 开始 15s 计时，采用 PLC 内部的特殊辅助继电器 M8013 的秒脉冲信号，经 Y7 端口驱动蜂鸣器发出"嘀"的声音，当 15s 时间到时，程序转移到 S33 步，Y7 自动关闭。

② 倒计时数字显示程序设计。车道绿灯亮 30s 的倒计时显示程序如图 7.17（b）所示。在 S21 步人行道绿灯亮时，同时执行 MOV 指令，将倒计时数据 K300 送到 D0，将 T0 的当前值送到 K4M0。再执行减法指令，将 D0 中的内容减去 K4M0 中的内容（即 K300 减去 T0 当前值），并将结果放到 D1 中。

因为七段译码指令 SEGD 只能对 BCD 码操作，所以采用 BCD 指令将倒计时运算的结果（D1 中的内容）转换成 BCD 码，放入 K4M10 中。

由于 T0 的时基信号为 0.1s，计时数据的最小值为 0.1s，而倒计时只需显示数据的十位和个位，所以只需要显示 K2M14 存储的 BCD 码数据，而小数点后面的数据（M13～M10 这 4 位 BCD 码数据）未被使用。

因为七段译码指令 SEGD 只能将 ［S.］中的低 4 位数据译为七段码信号，要显示倒计时的两位数据（最大 30s），所以要执行两次 SEGD 指令，分别将 K1M14 和 K1M18 两组数据译码并驱动显示器件，即将 K1M14 转换成七段码输出到 K2Y10，驱动倒计时的个位数（十进制数）显示器件，再将 K1M18 转换成七段码输出到 K2Y20 端，驱动倒计时的十位数显示器件。由于本例中采用的是七段式显示器件，所以输出端 Y17、Y27 未使用，为空置端。

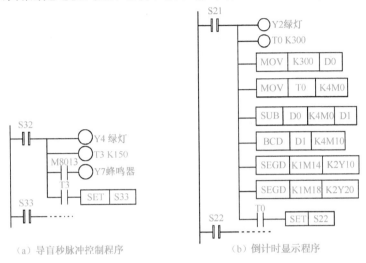

(a) 导盲秒脉冲控制程序　　　　　　(b) 倒计时显示程序

图 7.17　附加控制要求的程序梯形图

7.2.3　送料车的定点呼叫控制

1. 送料车定点呼叫的控制要求

如图 7.18 所示为某生产流水线的送料车定点呼叫控制示意图。送料车根据要求对 1♯～4♯工位进行送料，每个工位上都设置有位置检测传感器 SQ，用于检测送料车到位情况；每个工位都设置有呼叫按钮 SB，用于呼叫送料车；送料车在生产线 1♯～4♯工位的范围内左、右运动，当某个工位的呼叫按钮闭合时，送料车将自动运行到呼叫工位。采用 PLC 对送料车进行控制，要求设置数字显示器，用于显示送料车的当前位置及当前呼叫按钮的编号。要求采用功能指令设计控制程序。

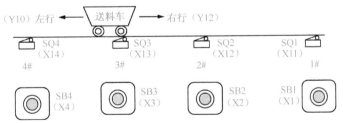

图 7.18　送料车定点呼叫控制示意图

2. PLC 控制系统的硬件电路设计

（1）主电路设计。送料车采用电动机驱动，送料车定点呼叫的控制主电路如图 7.19 所示。通过交流接触器 KM1 和 KM2 控制电动机的正、反转，实现送料车左行、右行，所以 KM1、KM2 为 PLC 的控制负载。

（2）电气控制元件的选择。送料车采用 Y112M-4 型电动机驱动，电动机的额定功率为 4kW，额定电压为 380V；电源开关 Q 选用 HK1-30/3 型瓷底、胶盖刀开关，配用熔丝线径为（2.30～2.52）mm；FU1 选用 RL-60 型，配用 25A 的熔体（管）；交流接触器 KM 选用 CJ10-3H（LD1-D）型，线圈电压 380V AC；热继电器 FR 选用电流等级 11A、JR16-20/3D 型；PLC 外部急停开关 SB 选用 LA20-11J 型开关；PLC 外部输出端的熔断器 FU2 选用 RL2-15 型，配用 6A 的熔体（管）；位置检测开关选用霍尔检测开关。

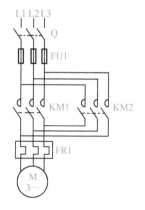

图 7.19　送料车定点呼叫控制主电路

主电路接线板采用三相四线 380V±5%、50Hz 交流电源。电路板输出的三相三线 380V 为电动机的动力电源；输出的单相 220V 电源为 PLC 供电。电源具有断电保护功能，对于可能出现的误操作均能确保主机的安全。

（3）I/O 地址分配。送料车定点呼叫的 I/O 地址分配如表 7.7 所示。送料车的位置检测开关 SQ 要安装在送料车运动导轨旁，可采用外部直流电源供电，呼叫按钮 SB 安置在各个工位上，数字显示，急停开关 SB（不进入 PLC 的内部）安装在控制面板上。数字显示器件采用用户电源供电。

表 7.7　I/O 地址分配

输入地址		输出地址	
呼叫按钮 SB1	X1	按钮呼叫号显示器	Y0～Y6
呼叫按钮 SB2	X2	送料车工位号显示器	Y20～Y26
呼叫按钮 SB3	X3	送料车左行 KM1	Y10
呼叫按钮 SB4	X4	送料车右行 KM2	Y12
热继电器 FR	X5		
位置检测开关 SQ1	X11		
位置检测开关 SQ2	X12		
位置检测开关 SQ3	X13		
位置检测开关 SQ4	X14		

3. PLC 的控制程序设计

（1）控制程序设计说明。控制程序分为 4 个部分：开机清零程序；送料车运动方向的判断程序；左、右运动控制程序；数字显示控制程序。

① 送料车的运动方向判断。由送料车定点呼叫控制示意图可知，送料车可以停在生产流水线的任何一个工位上，而另外的 3 个工位都可以呼叫送料车，所以送料车的运动方向由当前所在的工位和呼叫按钮号决定。假设送料车停在 2 号工位，若 4 号工位呼叫，则送料车就要左行，此时若出现 1 号工位呼叫，则送料车就要右行，首先要编程实现送料车运动方向的判断。由前面的分析可知，当呼叫按钮号大于送料车当前所在的工位号时，送料车要左行，反之，当呼叫按钮号小于当前所在工位号时，送料车要右行。综上，采用比较指令编程可以

实现送料车运动方向的判断。

② 送料车左、右运动的控制。生产流水线上共设置 4 个工位，当送料车停在 4♯工位时，不会出现向左运动的要求，同理，当送料车停在 1♯工位时，也不会出现向右运动的要求，所以可以确定左、右运动的要求各为 3 个，这些要求就是送料车左行和右行的启动条件，而每个工位的位置检测传感器信号（SQ）为运动的停止信号。可以采用主控指令和跳转指令选择执行左行、右行的控制程序。

③ 数字显示。采用七段译码指令 SEGD 将数据寄存器中的数据译为七段码信号，驱动 PLC 输出端的数字显示器件，从而实现数字显示。

（2）控制程序分析。送料车定点呼叫控制程序如图 7.20 所示。首先采用区间复位指令 ZRST 给程序中使用的数据寄存器和辅助继电器复位。

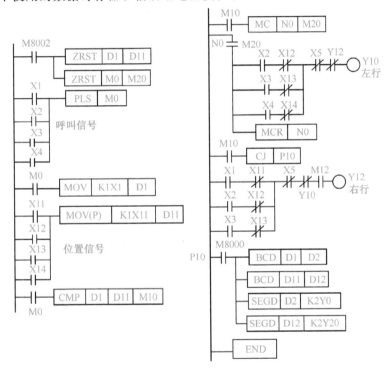

图 7.20　送料车定点呼叫控制程序

X1~X4 为各个工位的呼叫按钮开关，在任何一个呼叫开关闭合的上升沿，采用脉冲指令 PLS 得到一个扫描周期宽度的控制信号 M0。用 M0 信号控制执行 MOV 指令，将当前的呼叫信号送到数据寄存器 D1。同理，将送料车当前所处的位置号送到数据寄存器 D11 中。在 M0 为 ON 时执行比较指令，以确定送料车的运动方向。当 D1 中的内容（呼叫开关编号）大于 D11 中的内容（小车的当前工位号）时，M10 动合触点闭合，满足 N0 号主控指令的执行条件，实现执行左行程序。相反，当 D1 中的内容小于 D11 中的内容时，M12 的动合触点闭合，不满足主控指令和跳转指令的执行条件，M12 为 ON 执行右行程序。

在 PLC 运行期间，利用特殊辅助继电器 M8000 的动合触点一直为闭合状态，将送料车的呼叫按钮编号及当前位置编号用数字显示出来。

7.3　PLC 在生产过程中的应用

7.3.1　PLC 过程控制系统的组成

1. PLC 闭环控制系统的概念

如图 7.21 所示为 PLC 模拟量闭环控制系统，图中的虚线部分是用 PLC 实现的。生产过程中的量为模拟量，采用模拟量输入模块将来自变送器的标准模拟量 $p_v(t)$（4～20mA 或 1～5V DC）转换成数字量 $p_v(n)$，然后将其读入 PLC；同样采用模拟量的输出模块将 PLC 输出的数字量 $m_v(n)$ 转换成模拟量 $m_v(t)$，控制生产过程中的各种模拟量的执行器。

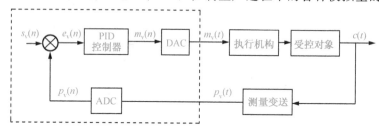

图 7.21　PLC 模拟量闭环控制系统

2. 变送器的选择

在生产过程中，变送器用于将传感器输出的电信号转换为 1～5V（0～10V）（DC）或 4～20mA（DC）的标准输出信号。电压输出型变送器具有恒压源的特性。PLC 模拟量输入模块的电压输入端具有高输入阻抗特点（如 100kΩ～10MΩ），在实际使用时，若控制现场距 PLC 较远，通过线路间的分布电容和分布电感感应的干扰信号，在模块输入阻抗上将产生较高的干扰电压，如 1μA 的干扰电流在 10MΩ 的输入阻抗上产生 10V 的干扰电压信号，所以远程传送模拟量电压信号时抗干扰能力较差。

电流输出型变送器具有恒流源的特性，恒流源的内阻很大。PLC 的模拟量输入模块输入电流时，输入阻抗较低（如 250Ω），线路上的干扰信号在模块输入阻抗上产生的干扰电压很小，所以模拟量电流信号适于远程传送。电流信号比电压信号的传送距离要远得多，实际使用时选用两线制变送器，接入模拟量输入模块的电流输入端，配套使用很方便。

3. 模拟量输入模块的选择

模拟量输入模块接收变送器提供的标准电流信号或标准电压信号，因此模拟量输入模块的选型与变送器有关，选择时要进行以下综合考虑。

（1）模拟量输入模块的分辨率。模拟量输入模块的分辨率采用转换后的二进制数的位数表示，主要有 8 位和 12 位两种。8 位分辨率较低，一般用于要求不高的场合；12 位二进制数对应的十进制数为 0～4095。FX_{2N} 系列模块的满量程模拟量一般对应于数字 0～4000，如 FX_{2N}-2AD 模拟量输入模块，0～10V 输入对应于数字量 0～4000 输出，故其分辨率为

$$10V/4000 \text{ 字} = 2.5mV/\text{字}$$

（2）模拟量模块的转换速度。与微机测控装置中使用的 ADC、DAC 相比，PLC 的模拟

量模块的转换速度都较低，如模拟量输入模块 FX_{2N}-2AD 的转换时间为 2.5ms/通道。

（3）温度模拟量模块。对于温度控制系统可采用 PLC 的温度模拟量模块，直接与热电阻温度传感器和热电偶温度传感器连接。

4. 模拟量输出模块的选择

模拟量输出模块用于将 12 位数字信号转换为模拟电压或电流输出。对于 FX_{2N}-2DA 模块，在出厂时，调整为输入数字值 0～4000 对应于输出电压 0～10V。实际使用时可采用 FX_{2N}-2DA 上的调节电位器对增益值和偏移量重新进行调整，也可以采用编程的方式进行调整。

增益值可以设置为任意值，为充分利用 12 位的数字值，建议将数字范围设定为 0～4000，如需要采用 4～20mA 电流输出，可调节 20mA 最大模拟量对应的最大数字输入量为 4000。电压输出时，其偏移量为 0；电流输出时，4mA 模拟输出量对应的数字量为 0。

5. 实现 PID 控制的方法

采用 PLC 实现模拟量的闭环控制时，有以下几种方法。

（1）使用 PID 控制模块。PID 控制模块有 ADC、DAC 和 PID 控制程序。PID 控制程序由 PLC 生产厂家设计并存储于模块中，用户使用时只需要设置一些参数即可，使用非常方便。一块模块可以控制几路或几十路闭环控制回路，一般在大中型控制系统中使用。

（2）使用 PID 指令。FX_{2N} 系列 PLC 的生产厂家提供给用户 PID 控制用指令，相当于用于实现 PID 控制的子程序，与模拟量输入/输出模块一起使用非常方便。

（3）用自编程序实现 PID 控制。对于没有 PID 指令的 PLC 机型，可以采用自编程序的方法实现 PID 控制功能；对于已有 PID 控制指令的 PLC 机型，在使用时也可以自行编程改进 PID 控制算法。

（4）变频器的闭环控制。变频器一般都有一个 PI 控制器和一个 PID 控制器。对于恒压供水这一类闭环控制系统，可以将反馈信号接到变频器的反馈信号输入端，用变频器内部的控制器实现闭环控制。如果用 PLC 实现 PID 闭环控制，需将反馈信号送给 PLC 的模拟量输入模块，用 DAC 输出的信号作为变频器的频率给定信号，则需要增设 PLC 的模拟量输入模块和模拟量输出模块。

7.3.2 PLC 的过程控制算法

1. 模拟量输入模块输出值的标度变换

采用模拟量输入模块时要考虑经 A/D 后输出值与被测物理量的对应关系，即标度变换问题。

如图 7.22 所示为 FX_{2N}-2AD 模拟量输入模块的 A/D 转换关系，对于 0～10V 直流模拟电压输入，转换为数字量的范围是 0～4000，当输入 0～5V 的电压信号时，需要进行偏移值和增益值调整，可直接通过调整模块上的电位器完成，也可通过编程实现。当输入为压力变速器时，要找出被测物理量压力与 A/D 转换后数据之间的比例关系。

【例 7.1】 设所采用的压力变送器的压力测量范围为 0～10MPa，对应的输出信号为 4～20mA DC，若选择 FX_{2N}-2AD 模块，给模块输入 4～20mA 信号，模块转换后输出的数字量为 0～4000，设转换后得到的数字为 N，试计算以 kPa 为单位的输出压力值。

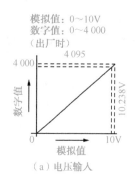
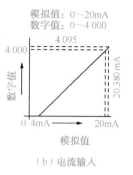

模拟值：0～10V
数字值：0～4 000
（出厂时）

（a）电压输入

模拟值：0～20mA
数字值：0～4 000

（b）电流输入

图 7.22　模拟量输入模块的 A/D 转换关系

解：0～10MPa（0～10000kPa）对应于转换后的数字 0～4000，转换公式为

$$P = (10000 \times N/4000)\ \text{kPa} = (2.5N)\ \text{kPa}$$

表示模块输出 1 个字（数字量）代表 2.5kPa 的压力值。

用定点数运算的计算公式为

$$P = (N \times 5/2)\ \text{kPa}$$

按照上面的公式，采用算术运算指令编程，即可实现标度变换。注意，运算时要先乘后除，否则可能会损失原始数据的精度。

2. 非线性处理

如图 7.23 所示为某传感器的输出特性曲线，图中还给出了用折线逼近实际特性曲线的线性化方法，x 表示测量数据，y 表示线性化后的输出。折线线性化的方法为：将特性曲线分为 3 个区间，用 3 段直线来逼近该传感器的非线性曲线。为减小线性化的误差，采用不等距的分段法，k_1、k_2、k_3 分别为 3 段折线的斜率值。由此可以写出各段的线性差值公式：

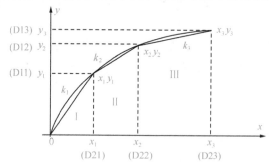

图 7.23　某传感器的输出特性曲线

当 $0 \leqslant x_b < x_1$ 时，$y = k_1 x_b$；

当 $x_1 \leqslant x_b < x_2$ 时，$y = y_1 + k_2 (x_b - x_1)$；

当 $x_2 \leqslant x_b < x_3$ 时，$y = y_2 + k_3 (x_b - x_2)$；

当 $x_b \geqslant x_3$ 时，$y = y_3$。

上式中，$k_1 = y_1 / x_1$；$k_2 = (y_2 - y_1) / (x_2 - x_1)$；$k_3 = (y_3 - y_2) / (x_3 - x_2)$；$x_b$ 为实际的测量值。

如图 7.24 所示为根据折线线性化方法设计出的程序流程图。实现折线线性化的程序设计步骤如下所述。

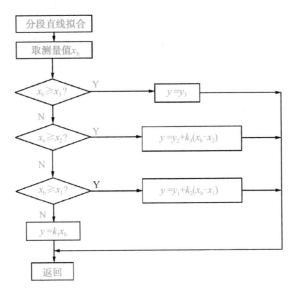

图 7.24　折线线性化的程序流程图

（1）首先采用 PLC 的模拟量输入模块，将来自传感器的测量值 x_b 读入到 PLC 基本单元的数据寄存器 D0 中，并将线性化的有关参数输入到数据寄存器，如图 7.25 所示。折线斜率 k_1、k_2、k_3 被存入到 D1、D2、D3 中；拐点对应值 y_1、y_2、y_3 被存入到 D11、D12、D13 中；x_1、x_2、x_3 点的对应值被存入到 D21、D22、D23 中；确定线性化后输出的数据存入 D30 中。

（2）确定测量值 x_b 所在的区间。在图 7.26 所示的梯形图中，用比较指令确定测量值所在的区间。

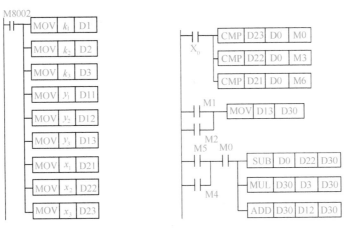

图 7.25　读入数据　　　　　图 7.26　确定测量值区间和进行算术运算

（3）算术运算。在确定了测量值 x_b 所在的区间后，进行算术运算，如图 7.26 所示。用 D0 中的测量值与各拐点值进行比较，假设测量值 $x_b \geqslant x_3$，M1 = M2 = ON，将 D13 中的数据送入 D30，等于输出数据。假设 $x_2 \leqslant x_b < x_3$，由比较指令给出结果 M0 = ON、M4 = ON、M5 = ON，控制进行减 x_2（D22 中的数值）、乘系数 k_3（D3 中的数值）及加 y_2（D12 中的数值）的运算，线性化后的结果存入 D30 中。

若测量值在其他的区间内，其控制程序和上述相同，这里不再赘述。

3. PID 控制指令

（1）PID 指令的操作功能。如图 7.27 所示为 PID 指令的示例梯形图，PID 指令用于模拟量的闭环控制。PID 运算所需的参数要存放在指定的数据区内，在图 7.27 中由［S1］指定存放给定值的地址，此例中控制系统的给定值存放在数据寄存器 D0 中；［S2］存放当前值（测量值），此例中控制系统的测量值存放在数据寄存器 D1 中；［S3］是用户为 PID 存放参数指定的首位元件地址，这些参数需要占用 25 个寄存器，［S3］为首位寄存器的地址，此例中指定占用 D100～D124；［D］为存放 PID 运算结果的寄存器，此例中 PID 运算的结果指定放在数据寄存器 D150 中。

图中，M10 为该指令的执行条件，当 M10＝ON 时，执行 PID 指令：给定值存入 D0，测量值从 D1 中读出；D100～D124 为用户定义参数寄存器；运算结果的输出值存入 D150。

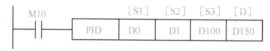

图 7.27　PID 指令的示例梯形图

PID 指令在使用时应注意以下几点。

① 一个程序中可以使用多条 PID 指令，但每条指令的数据寄存器应是独立的。

② PID 参数的出错信息放在 D8067 中。

③ PID 指令可以使用中断、子程序、条件跳转和步进指令，但使用时要注意其采样时间必须大于程序的扫描时间。

④ 为了提高采样的速率，可以把 PID 指令放在定时中断的程序中。

⑤ PID 指令要采用停电保护型数据寄存器，在 PLC 停电后，无须再重新写入参数。

（2）PID 指令的参数。PID 指令的参数占用［S3］指定的首元件开始的连续 25 个数据寄存器。PID 指令的一些参数由用户在 PID 运算前用指令写入（如控制用参数的设定值，在 PID 运算前必须预先通过 MOV 等指令写入）。PID 指令的参数及功能如表 7.8 所示，表中［S3］＋n 表示指令的源地址，如［S3］选择用数据寄存器 D10，则［S3］＋4 就表示 D14。

表 7.8　PID 指令的参数及功能

源地址［S］＋n	参数及功能	设定范围及说明		备　注
［S3］＋0	采样周期 T_s	1～32767ms（读当前值的时间间隔）		不能小于扫描时间
［S3］＋1	动作方向（ACT）	b0	0：正作用；1：反作用	b3～b15 不用
		b1	输入变化报警 0：无效；1：有效	
		b2	输出变化报警 0：无效；1：有效	
［S3］＋2	输入滤波常数	0～99（%）		为 0 时无输入滤波
［S3］＋3	比例增益 K_P	1～32767（%）		
［S3］＋4	积分时间 T_I	0～32767（×100ms）		为 0 时做处理（无积分）
［S3］＋5	微分增益 K_D	0～100（%）		为 0 时无微分增益
［S3］＋6	微分时间 T_D	0～32767（×10ms）		为 0 时无微分处理

续表

源地址 [S] +n	参数及功能	设定范围及说明	备　　注
[S3] +20	当前值上限报警设定值	0~32767（用户设定，超限时 [S3] +24 的 b0 为 1）	[S3] +1 的 b1 为 1 时有效
[S3] +21	当前值下限报警设定值	0~32767（用户设定，超限时 [S3] +24 的 b0 为 1）	
[S3] +22	输出增量报警设定值	0~32767（用户设定，超限时 [S3] +24 的 b0 为 1）	[S3] +1 的 b2 为 1 时有效

4. PID 控制参数的整定方法

为了使 PID 控制系统能达到较好的控制品质，必须对 PID 控制参数进行整定，以获得适于控制对象的 PID 参数的最佳值，即最佳的 K_P、T_I、T_D 值。通常 PID 控制参数最佳值的确定方法如下所述。

（1）阶跃响应曲线法。给系统的控制对象加上阶跃输入信号，测出其响应曲线，根据此曲线计算 K_P、T_I 和 T_D。

如图 7.28 所示为控制对象的输入/输出信号曲线，表 7.9 所示为根据阶跃响应曲线求参数的计算方法。

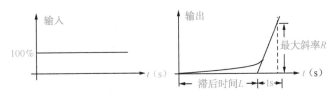

图 7.28　控制对象的输入/输出信号曲线

表 7.9　根据阶跃响应曲线求参数

PID 参数 控制作用	比例增益 K_P（%）	积分时间 T_I（×100ms）	微分时间 T_D（×100ms）
比例作用	$(1/RL)$×输出值（mV）	—	—
比例积分作用	$(0.9/RL)$×输出值（mV）	$33L$	—
比例积分微分作用	$(1.2/RL)$×输出值（mV）	$20L$	$50L$

（2）PLC 的参数自整定功能（仅适用于 FX$_{2N}$ V2.00 以上版本的 PLC）。参数自整定功能根据阶跃响应曲线法，自动设定 PID 的 3 个重要参数。其作用方向为 [S3] +1 的 bit0，比例增益为 [S3] +3，积分时间为 [S3] +4，微分时间为 [S3] +6，以得到最佳的 PID 控制效果。

参数自整定方法如下所述。

① 用 MOV 指令将自整定用输出值送至输出值数据寄存器 [D]，该输出值应在输出设备最大可能输出值的 50%~100% 范围内。

② 预先设定参数。（即不需要自整定的参数，如采样时间、输入滤波常数、微分增益及目标值等）。应注意以下事项。

a. 目标值的设定。自整定开始时，测量值和目标值的差（偏差）必须大于 150，若小于

150，则先设定自整定用目标值，待自整定完成后，再设定目标值。

b. 采样时间。自整定时的采样时间必须在 1s 以上，一般采样时间应远远大于扫描周期。

c.［S3］+1 动作方向（ACT）的 bit4 设为 ON 后，自整定开始。当测量值达到目标值的 1/3 时，自整定结束，［S3］+1（ACT）的 bit4 自动变为 OFF。

需要注意，自整定应在系统处于稳定状态时进行，否则会产生不正确的结果。PID 参数自整定程序设计可参考图 7.31 所示炉温自动调节的 PLC 控制梯形图。

7.3.3 PLC 在温度控制系统中的应用

如图 7.29 所示为温度控制系统示意图。图中控温对象为电炉，热电偶为温度检测元件，采用 FX$_{2N}$ 系列 PLC 实现 PID 温度控制，要求电炉温度控制在 50℃。控温系统采用模拟量输入模块 FX$_{2N}$-4AD-TC 接入热电偶的检测信号。

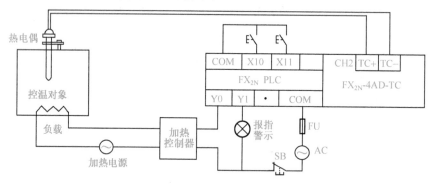

图 7.29　温度控制系统示意图

模拟量模块 FX$_{2N}$-4AD-TC 紧靠 PLC 基本单元安装，其编号为 0，模块 FX$_{2N}$-4AD-TC 的缓冲寄存器 BFM♯0 中设定值为 H3303，表示设置 1～4 通道的设定，通道 2 设定为热电偶信号，其他通道设置为 3，即通道关闭。通道 2 将热电偶输出的信号接入模拟量模块进行采样及 A/D 转换后，输出到 PLC 的基本单元进行程序处理。如图 7.30 所示为电炉加热的动作时序说明。图 7.31 所示为炉温控制参数设定梯形图，D502 的设定内容为自动调节的输出值设定（1.8s 为 ON）。

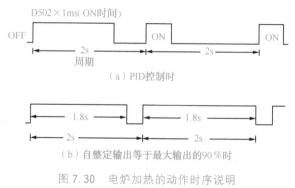

（a）PID 控制时

（b）自整定输出等于最大输出的 90％时

图 7.30　电炉加热的动作时序说明

PID 的参数设定如表 7.10 所示。程序的设定内容为：模拟量模块的参数设置、PID 调节的参数设定、PID 控制作用的输出、方向及出错报警输出等。

表 7.10 PID 的参数设定

	参数设定	元 件 号		自整定中	PID 控制中
目标值	温度值（℃）	[S1]	D500	(500＋50)℃	(500＋50)℃
参数	采样时间（T_s）	[S3]	D510	3000ms	500ms
	输入滤波（α）	[S3]＋2	D512	70%	70%
	微分增益（K_D）	[S3]＋5	D515	0	0
	输出值上限	[S3]＋22	D522	2000（2s）	2000
	输出值下限	[S3]＋23	D523	0	0
动作方向（ACT）	输入量报警	[S3]＋1	D511	bit1＝1 无	bit1＝1 无
	输出量报警	[S3]＋1	D511	bit1＝1 无	bit1＝1 无
	输出值上下设定	[S3]＋1	D511	bit5＝1 有	bit5＝1 有
输出值		[D]	Y1	1800ms	根据运算

在图 7.31 所示的参数设定梯形图中，设定控制温度为 50℃，即目标值为 500（被控温度要保持在 500×0.1℃/单位变化量＝＋50℃）；输入、输出变化量报警有效；输出上下限设定；自动整定＋PID 控制，则（S3）＋1 动作方向（ACT）的 bit0＝0（对于 0℃的正向动作），bit1～bit5 均为 1，即动作方向（ACT）单元的设定参数为（0～011110）BIN＝K30。

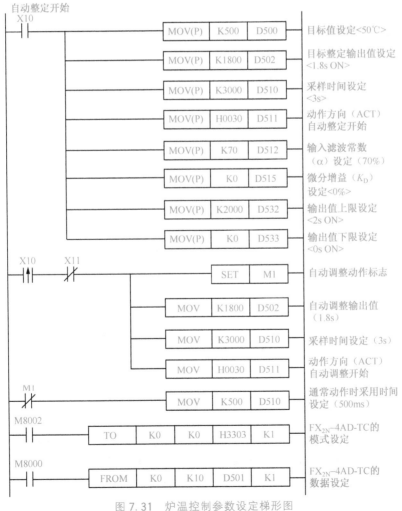

图 7.31 炉温控制参数设定梯形图

如图 7.32 所示为 PID 控制梯形图。当 X10＝ON、X11＝OFF 时先执行自动整定（PID 参数的整定），然后再执行 PID 控制（实际为 PI 作用）；当 X10＝OFF、X11＝ON 时，仅执行 PID 控制。梯形图中每一步的操作功能如图中注释所述。

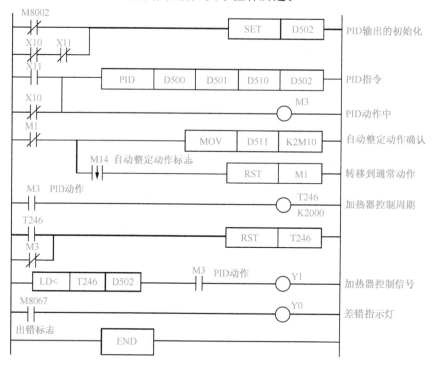

图 7.32 PID 控制梯形图

习 题 7

7.1 某一油循环系统示意图如图 7.33 所示。其控制要求为：

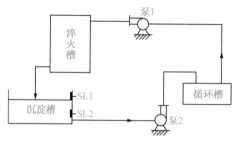

图 7.33 油循环系统示意图

（1）当按下启动按钮 SB1 时，泵 1 和泵 2 通电运行，由泵 1 将油从循环槽打入到淬火槽，经过沉淀，再由泵 2 打入循环槽，运行 15s 后，泵 1、泵 2 停止工作。

（2）在泵 1、泵 2 运行期间，当沉淀槽液位升高到高液位时，液位传感器 SL1 接通，此时泵 1 停止，泵 2 继续运行 1s。

（3）在泵1、泵2运行期间，当沉淀槽液位降低到低液位时，液位传感器 SL2 接通，此时泵2停止，泵1继续运行 1s。

（4）停止按钮 SB2 按下时，泵1、泵2停止。

用 PLC 实现油循环系统的控制，要求设计功能图、梯形图和指令语句。

7.2 某机床有三台泵机 KM1、KM2 和 KM3 需要控制。要求 KM1 和 KM2 同时启动；20s 后，当压力达到一定数值时，压力传感器控制 KM3 启动；停机时先停止 KM3，间隔 10s 后再停止 KM1 和 KM2。试设计满足上述控制要求的控制程序。

7.3 试设计楼梯灯的控制程序。要求采用一个按钮开关，按一次按钮时，灯点亮 5s；按两次按钮时，灯点亮 10s；若持续按的时间大于等于 5s，则灯熄灭。

7.4 试设计三个信号灯的控制程序。

（1）控制要求：启动按钮闭合后，每隔 10s 点亮一个灯，三个灯的点亮时间分别为 5s、3s、1s，然后自动熄灭。在任何时刻按下停止按钮时，灯立即熄灭。

（2）补充控制要求：三个灯在间隔 10s 分别点亮 5s、3s、1s 结束后，再按照全部点亮 3s 熄灭 1s，闪烁 1min 之后，自动熄灭。按下停止按钮后，三个灯立即熄灭。

7.5 某油漆喷涂车间的通风系统要求采用 PLC 实现控制。该车间设置有 4 台通风机，通风机的工作状态由指示灯和蜂鸣器监视。每台通风机的出风口处安装有压力传感器，监视通风机的工作是否正常。

（1）要求采用单机通电 4 机循环运行的工作方式。每台通风机启动工作 2h 便自动停止，另一台通风机再启动工作，即 4 机轮流通电工作。这种工作方式分为两种形式：一种是 24h 内连续循环运行，另一种是间隔 30min（暂停通风）的循环运行。两种工作方式可采用手动设置，间隔工作的时间也可采用手动设置。

（2）当系统正常工作时，绿色指示灯点亮。若某台通风机出故障了，红色指示灯闪烁报警，蜂鸣器发出报警声，提示系统发生故障需要检修。

7.6 试设计模拟量输入程序。要求采用 FX_{2N}-4AD 模块，其通道1的量程为 4～20mA，通道2的量程为 -10～10V，通道3、4被禁止。模拟量输入模块的编号为1，平均值滤波的周期为8，数据寄存器 D10 和 D11 用来存放通道1和通道2的数字量的平均值。

7.7 FX_{2N}-4AD 模块连接在 2 号位置，通道 CH1 和 CH2 为电压输入，设平均采样次数为5，PLC 的数据寄存器 D0 和 D1 用来存放通道1和通道2的数字量的平均值，试编写对应的程序。

第8章　编程器与编程软件的功能及使用

☐ **本章要点**

　1. FX-20P-E 型手持式编程器的使用方法。

　2. 计算机编程软件的使用方法。

　　三菱 FX 系列 PLC 的编程工具有：FX-20P-E 型手持式编程器，GP-80FX-E 图形编程器，用于计算机编程的 Fxgpwin 及 GX Developer 编程软件等。本章主要介绍 FX-20P-E 型编程器和 Fxgpwin 及 GX Developer 编程软件的使用方法。

8.1　FX-20P-E 型编程器的使用

8.1.1　FX-20P-E 型编程器简介

1. FX-20P-E 型手持式编程器的组成

　　FX-20P-E 型手持式编程器（简称 HPP）由液晶显示屏、ROM 写入器接口、存储器卡盒接口及按键组成，如图 8.1 所示。

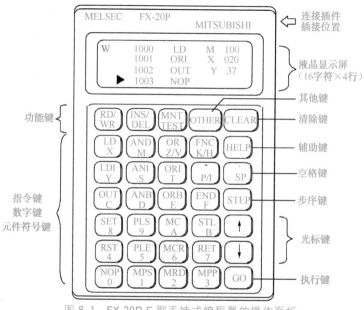

图 8.1　FX-20P-E 型手持式编程器的操作面板

FX-20P-E 型手持式编程器配有专用电缆 FX-20P-E-CAB 与 PLC 主机相连。系统存储卡盒用于存放系统软件，其他的配件为选用件（如 ROM 写入器、存储器卡盒等）。FX-20P-E 型手持式编程器的液晶显示屏能同时显示 4 行内容，每行有 16 个字符。编程器的键盘由 35 个按键组成，包括功能键、指令键、元件符号键、数字键等。手持式编程器的显示内容说明如图 8.2 所示。

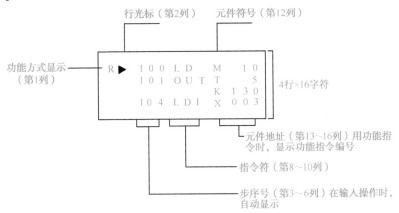

图 8.2 液晶显示屏

2. 编程器按键的功能

HPP 各按键的操作功能如表 8.1 所示。

表 8.1 HPP 各按键的操作功能

键 符 号	键 名 称	功 能 说 明
RD/WR	读/写	这 3 个键为复用键，交替起作用，按第一次是选择左上方表示的功能，按第二次则表示选择右下方表示的功能
INS/DEL	插入/删除	
MNT/TEST	监控/监测	
OTHER	其他	无论在使用何种操作，按此键进入各种方式的选择
CLEAR	消除	在按下 GO 键之前，按下此键，可以消除错误信息，返回到上一个屏幕，该键也可用于清除显示屏上的错误信息
HELP	帮助	显示应用指令菜单，在监控功能下，显示十进制数与十六进制数之间的转换
SP	空格	连续写入元件号或常数时用此键
STEP	步长	设置程序的步序号
↑ ↓	上、下移动	移动光标和提示符或快速卷动屏幕（选定已用过或未用过的步序号的元件，做上下滚动）
GO	执行	确认或执行指令，或连续搜索屏幕信息
LD AND X M NOP MPS 0 1	指令 符号 数字	这组键均为复用键，有两种功能，键上部为指令键，下部为数字键或器件符号键，何种功能有效由当前操作状态下功能自动定义

3. FX-20P-E 型编程器的工作方式选择

（1）PLC 通电后，POWER 灯亮；将 PLC 的工作方式选择开关置于 STOP 状态，此时 PLC 处于编程状态。

（2）编程器与主机同时通电，此时显示器显示内容为：

PROGRAM MODE

▸ON　　 LINE（PC）

OFF　　 LINE（HPP）

其中，ON LINE 表示联机，OFF LINE 表示脱机，▸ 为光标。通过操作上、下移动键（↑、↓）将光标移动到 ON LINE 前，按下执行键 GO，进入联机编程方式，即对 PLC 内部的用户程序存储器进行读/写操作。

若将光标移动到 OFF LINE 前，按下执行键 GO，则选择脱机编程方式，编程时将指令先写入编程器的 RAM 中，联机后再转入 PLC 主机的用户程序存储器里。

（3）在联机编程方式下，有以下 7 种工作方式可供选择。

① OFF LINE MODE（脱机方式）：进入脱机编程方式。

② PROGRAM CHECK：程序检查，若无错误，显示 NO ERROR；若有错误，显示出错误的步序号及出错代码。

③ DATA TRANSFER：数据传送，若 PLC 内安装有存储器卡盒，在 PLC 的 RAM 和外装的存储器之间进行程序和参数的传送，反之则显示 NO MEM CASSETTE，不进行传送。

④ PARAMETER：对 PLC 的用户程序存储器容量、各种具有断电保持功能的编程元件的范围及文件寄存器的数量进行设置。

⑤ XYM..NO.CONV.：对用户程序中的 X、Y、M 的元件号进行修改。

⑥ BUZZER LEVEL：对编程器的蜂鸣器音量进行调节。

⑦ LATCH CLEAR：对断电保持功能的编程元件进行复位。

8.1.2　FX-20P-E 型编程器的操作使用

1. 写指令操作 W

按下功能键 RD/WR，编程器显示屏上显示 W，在进行写指令操作之前，可以将用户存储器中原先的内容清除掉，使显示屏上的指令都变成 NOP。按键的操作顺序为

→［NOP］→［A］→［GO］→［GO］

此操作进行之后显示器上全部显示为 NOP。也可以直接写入，即将原来的指令语句覆盖。写指令操作包括写入基本指令、功能指令及指针。

（1）写入基本指令。基本指令的写入有以下 3 种情况。

① 写入仅有指令助记符的指令。例如要写指令 ORB，按键的操作顺序为

→［ORB］→［GO］

② 写入有指令助记符和一个元件的指令。例如写入指令 LD X0，按键的操作顺序为

→［LD］→［X］→［0］→［GO］

③ 写入指令助记符及一个元件带常数的指令。例如要写入定时器 T0 定时 10s 的指令，按键的操作顺序为

→［OUT］→［T］→［0］→［SP］→［K］→［100］→［GO］

写入定时器 T0 定时 D0 秒指令的按键操作顺序为

$$→ [OUT] → [T] → [0] → [SP] → [D] → [0] → [GO]$$

（2）写入功能指令。写入功能指令时，先按功能指令键 FNC，再输入功能指令代码及 SP 键，接着再输入元件或常数，最后按 GO 键结束。例如要写入如图 8.3 所示的 16 位功能指令，其按键的操作顺序分别为

$$→ [FNC] → [12] → [SP] → [K] → [5] → [SP] → [D] → [1] → [GO]$$
$$→[FNC] → [12] → [P] → [SP] → [K] → [0] → [SP] → [K] → [4] →$$
$$[Y] → [0] → [GO]$$

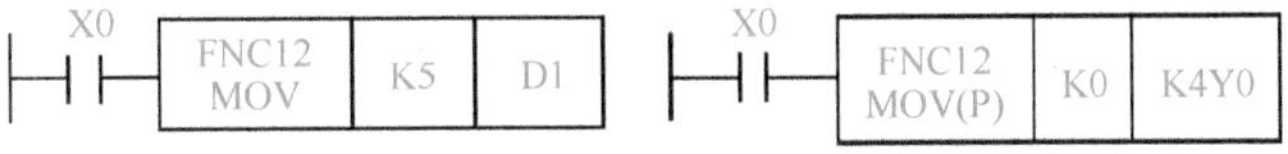

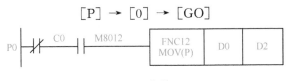

图 8.3 写入 16 位功能指令

又如，要写入如图 8.4 所示的 32 位功能指令，其按键的操作顺序分别为

$$→ [FNC] → [D] → [12] → [SP] → [K5] → [SP] → [D1] → [GO]$$
$$→[FNC] → [D] → [12] → [P] → [SP] → [K0] → [SP] → [K4] →$$
$$[Y0] → [GO]$$

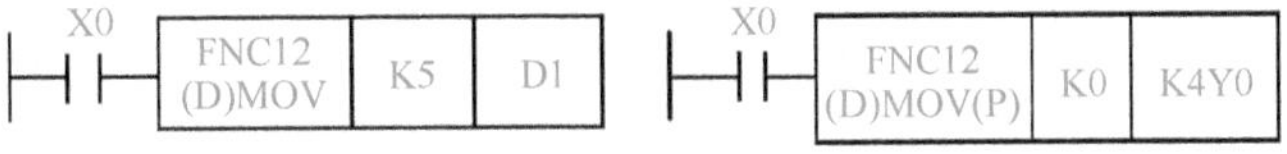

图 8.4 写入 32 位功能指令

（3）写入指针指令。写入指针 P、I 和写入指令的方法相同，即按 P 或 I 键后，再输入标号，最后按 GO 键确认。例如要写入图 8.5 中指针 P0，其按键的操作顺序为

$$[P] → [0] → [GO]$$

图 8.5 指针 P0

（4）指令的改写操作。在指定的步序上改写指令时，首先将光标移到改写的指令处，然后将正确的指令写入，按 GO 键确认。

（5）移动光标。在写状态下移动光标到指定的程序步。例如要将光标从目前位置移动到程序步 100，按键的操作顺序为

$$→ [STEP] → [100] → [GO]$$

2. 读指令操作 R

按功能键 RD/WR，使编程器显示屏上出现 R，此时可进行读指令操作，读指令的操作分为以下 3 种情况。

（1）由步序号读出指令。直接由步序号读出写入的指令语句。例如要读出步序号为 50 的指令语句，其按键的操作顺序为

$$→ [RD] → [STEP] → [5] → [0] → [GO]$$

按上、下移动键可显示该指令前、后的其他指令。

（2）由指令语句读出指令。由已写入程序的某条指令语句读出程序。例如根据 OUT T0

读出指令，其按键的操作顺序为

$$\rightarrow [OUT] \rightarrow [T0] \rightarrow [GO]$$

当找到 OUT T0 指令时，光标停留在指令 OUT T0 前面，再按 GO 键，会继续向下寻找 OUT T0 指令。如果程序中还有 OUT T0 指令出现，则光标停留在 OUT T0 指令出现的第二个位置前面；如果没有，显示屏上则显示 NOT FOUND，表示程序中 OUT T0 指令再没有第二次出现。按 CLEAR 键，可以清除 NOT FOUND 显示。

（3）由元件号读出指令。在程序中寻找一个元件的操作，无论该元件以何种指令形式出现在程序中，都可以在读指令的功能下进行检索。例如要在一个程序中寻找定时器 T10，按键的操作顺序为

$$\rightarrow [SP] \rightarrow [T10] \rightarrow [GO]$$

当找到 T10 元件时，光标停留在元件 T10 前面，再按 GO 键，会继续向下寻找元件 T10。如果程序中还有 T10 元件出现，则光标停留在第二个 T10 元件前面；如果再没有此元件了，显示屏上显示 NOT FOUND，表示程序中 T10 元件再没有出现第二次。按 CLEAR 键，可以清除 NOT FOUND 显示。

3. 插入指令操作 I

按功能键 INS/DEL，出现标识符 I 后，可进行插入指令操作。

插入指令的操作步骤为：在显示屏上出现 I 标识符后，移动光标（▶），将光标对准要插入指令位置的下一条指令，然后写入所要插入的指令，按 GO 键实现该指令的插入，插入 1 条指令后，程序的步序号会自动加 1。

4. 删除指令操作 D

按功能键 INS/DEL，使编程器显示屏上出现删除标识符 D，此时可进行删除指令操作。删除指令有两种操作方式。

（1）逐条删除指令。在显示标识符 D 的状态下，移动光标（▶）对准要删除的指令，然后按 GO 键即可删除该条指令。如果一直不停地按 GO 键，将逐条删除下一条指令。

（2）删除部分指令。在显示标识符 D 的状态下，删除部分指令的操作顺序为

$$\rightarrow [STEP] \rightarrow [起始步序号] \rightarrow [SP] \rightarrow [STEP] \rightarrow [终止步序号] \rightarrow [GO]$$

例如要删除程序步号 10 到程序步号 120 之间的指令，按键的操作顺序为

$$\rightarrow [STEP] \rightarrow [10] \rightarrow [SP] \rightarrow [STEP] \rightarrow [120] \rightarrow [GO]$$

5. 监视操作 M

监视标识符为 M，编程器和 PLC 在联机的方式下进行监视操作。监视功能是利用编程器的显示屏监视用户程序中元件的 ON/OFF 状态，以及 T、C 元件当前值的变化。

（1）位元件的监视。位元件的监视是指监视指定位元件的 ON/OFF 状态。元件监视的操作为：按 MNT/TEST 键，使编程器显示屏上出现标识符 M，再按 SP 键，输入要监视的元件符号及元件号，再按 GO 键即可。例如要监视元件 Y0～Y7 的 ON/OFF 状态，按键的操作顺序为

$$\rightarrow [M] \rightarrow [SP] \rightarrow [Y0] \rightarrow [GO]$$

显示屏出现 Y0，按向下的光标键（↓），显示屏依次出现 Y1～Y7 的状态显示，如果某元件前面出现"■"标记，表示该元件处于 ON 状态；如果元件前面没有出现"■"标记，表示该元件处于 OFF 状态。

（2）对基本指令运行状态的监视。如需要对某条基本指令的运行状态进行监视，则先按照指令读出的方法，将其读出在显示屏上，然后移动光标（▶）指向该条指令，再按功能键 MNT/TEST，编程器显示屏上出现标识符 M 后，根据该指令中元件的左边有无"■"标记，判断指令中的触点和线圈的状态。例如要监视第 126 条指令，按键的操作顺序为

$$→ [M] → [STEP] → [1] → [2] → [6] → [GO]$$

显示屏的显示内容如下所示：

```
        M  126  LD       X000
        ▶  127  ORI   ■ M100
           128  OUT   ■ Y005
           129  OUT     Y006
```

由显示屏的显示内容可知，M100 触点为 ON 状态，Y5 线圈为得电状态。

（3）监视数据寄存器 D、V、Z 中的数据。如需要监视数据寄存器中的数据，首先要按 MNT/TEST 键，使编程器显示屏上出现标识符 M 后，再输入数据寄存器的元件号。例如要监视数据寄存器 D10 中的数据，其按键的操作顺序为

$$→ [M] → [SP] → [D] → [1] → [0] → [GO]$$

此时显示屏上显示出数据寄存器 D10 中的数据，若按向下的光标键↓，依次可以显示 D10、D11、D12 中的数据。此时显示的数据为十进制数，按 HELP 键，显示的数据在十进制数和十六进制数之间切换。

（4）定时器和计数器的监视。如需要监视计数器的运行情况，首先要按 MNT/TEST 键，编程器显示屏上出现标识符 M 后，再输入计数器的元件号。例如要监视计数器 C10 的运行情况，其按键的操作顺序为

$$→ [M] → [SP] → [C] → [1] → [0] → [GO]$$

显示屏的显示内容为：

```
        M  T100   K100
        P  R      K20
        ▶  C 10    K 9
        P  R      K 100
```

光标▶停在 C10 的位置，K9 是 C10 的当前计数值。在下一行中 K100 为 C10 计数器的设定值，P 表示 C10 的动合触点状态，其右侧若有"■"标记，表示 C10 动合触点闭合，相反表示动合触点断开，R 表示 C10 复位电路的状态。当其右侧有"■"标记时，表示其复位电路闭合，复位位为 ON 状态；若无"■"标记，表示其复位电路断开，复位位为 OFF 状态。

（5）对步状态继电器的监视。采用指令或编程元件的测试功能使特殊辅助继电器 M8047（STL 监视有效）为 ON，然后先进入元件的监视状态 M，再按下 STL 键和 GO 键，可以监视最多 8 点为 ON 的步状态继电器 S，它们按照元件从大到小的顺序排列。

6. 强制元件置位/复位 T

编程器测试功能的标识符为 T，测试功能用于对程序中位元件的触点和线圈进行强制置位/复位（ON/OFF）操作。此操作只能在 PLC 的工作方式开关为 STOP 时使用。

要强制元件为 ON/OFF，首先要进入位元件的监视状态，然后再对元件进行测试。例如要对元件 Y13 进行强制 ON/OFF，首先要进入对 Y13 的监视状态，其按键的操作顺序为

$$→ [M] → [SP] → [Y] → [1] → [3] → [GO]$$

再按 MNT/TEST 功能键，出现测试标识符 T 后，对位元件进行测试，其按键的操作顺序为

$$\rightarrow \ [\text{T}] \rightarrow [\text{SET}]（强制 Y13 为 ON）\rightarrow [\text{RST}]（强制 Y13 为 OFF）$$

操作时可观察到显示屏上 Y13 旁"▌"标记的变化。

8.2　Fxgpwin 编程软件的使用

Fxgpwin 编程软件是专为 FX 系列 PLC 设计的编程软件，其占用空间小，功能较强。该软件可以采用梯形图和指令语句编程，并可以实现两者间的相互转换；可以实现各种监控和测试功能，如梯形图的监控、元件的监控等；可以强制位元件 ON/OFF；可以改变 T、C、D 的当前值等。

8.2.1　Fxgpwin 编程软件的使用说明

运行 Fxgpwin 编程软件后，计算机显示器上将出现 Fxgpwin 软件的小图标，双击

图 8.6　PLC 型号选择界面图

Fxgpwin 软件的小图标，将出现初始启动界面，单击初始启动界面菜单栏中的"文件"菜单，并在下拉菜单中选取"新建"，即出现如图 8.6 所示的 PLC 型号选择界面图（PLC 类型设置对话框），选择好 PLC 的机型后，单击"确认"按钮，则出现如图 8.7 所示的编辑程序菜单界面图（主界面）。

主界面分为以下几个主要区域：菜单栏（包括 11 个主菜单项）、工具栏（快捷操作窗口）、用户编辑区。在用户编辑区下面分别是状态栏及功能键栏，在界面的右侧还有功能图栏。各区域的操作功能说明如下所述。

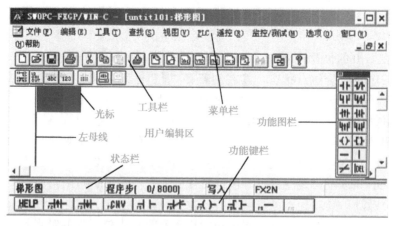

图 8.7　编辑程序菜单界面图

1. 菜单栏

菜单栏是以菜单形式操作的入口，菜单栏中包含文件、编辑、工具、查找、视图、PLC、遥控、监控/测试等项，用鼠标单击某菜单项，可弹出该菜单项的细目。如"文件"项的细目

包含新建、打开、保存、另存为、打印、页面设置等；"编辑"菜单项包含剪切、复制、粘贴、删除等。这两个菜单项的主要功能是管理、编辑程序文件。菜单栏中的其他项为编程形式（梯形图和指令语句表）的转换、程序的下载和传送、程序的监控及测试等功能的操作。

2. 工具栏

工具栏提供简便的鼠标操作，将最常用的 Fxgpwin 编程软件的编程操作以按钮形式设置在工具栏中。用户可以利用菜单栏中的"视图"菜单项来显示或隐藏工具栏。菜单栏中涉及的各种功能在工具栏中都能找到。

3. 用户编辑区

用户编辑区是用来显示程序编辑操作的区域，可选择使用梯形图、指令表等方式进行程序的编辑工作。使用菜单栏中"视图"下的梯形图和指令表菜单条，可实现梯形图程序与指令表程序间的转换。也可利用工具栏中的按钮，将所编辑好的梯形图转换成指令表，另外利用程序查找按钮和可以直接查找到所编辑程序的开始和结尾。

4. 状态栏、功能键栏及功能图栏

编辑器的下部是状态栏，用于表示编程 PLC 类型、软件的应用状态及所处的程序步数等。状态栏下为功能键栏，它与编辑区中的功能图栏都含有各种梯形图符号，相当于梯形图绘制的图形符号库。功能图栏的符号及其含义如表 8.2 所示。

表 8.2　功能图栏的符号及其含义

梯形图符号	含　义	梯形图符号	含　义
⊣├	动合触点	⊣╱├	动断触点
⊣├	并联动合触点	⊣╱├	并联动断触点
⊣↑├	上升沿动合触点	⊣↓├	下降沿动合触点
⊣↑├	并联上升沿动合触点	⊣↓├	并联下降沿动合触点
─( )─	线圈	⌐ ⌐	功能指令框
──	横线	│	竖线
╱	取反	│ DEL	删除竖线

8.2.2　编程软件的程序编辑操作

1. 程序编辑操作

（1）采用梯形图方式编程。采用梯形图编程是在编辑区中绘制梯形图，首先选择"文件"菜单项中的"新建"选项，再通过打开"视图"菜单项选择梯形图或指令表的编程形式。

若选择梯形图编程形式，打开新建文件时主窗口左边可以见到一根竖直的线，这就是梯形图中的左母线，蓝色的方框为光标。梯形图的绘制过程是取用图形符号库中的符号，"拼绘"梯形图的过程。例如要输入一个动合触点，可单击功能图栏中的动合触点，也可以在"工具"菜单中选择"触点"，并在下拉菜单中单击"动合触点"符号，此时出现如图 8.8 所示的对话框，在对话框中输入触点的地址及其他有关参数后单击"确认"按钮，要输入的动合触点及其地址就出现在蓝色光标所在的位置。

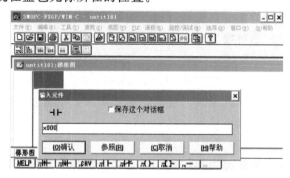

图 8.8　"输入元件"对话框

如需输入功能指令，可单击"工具"菜单中的"功能"项或单击功能图栏［　］及功能键中的"功能"按钮，即可弹出如图 8.9 所示的对话框，然后在对话框中输入功能指令的助记符及操作数，单击"确认"按钮即可。

图 8.9　"输入指令"对话框

输入功能指令时需要注意以下几点。

① 助记符与操作数间要空格。

② 指令的脉冲执行方式中加的"P"与指令间无空格。

③ 32 位数据操作指令的助记符与其前面的 D 间无空格。

梯形图符号间的连线可通过"工具"菜单中的"连线"项选择水平线与竖线完成。另外还需注意，不论绘制什么图形，先要将光标移到梯形图中要绘制这些符号的地方。梯形图符号的删除用计算机的删除键，梯形图竖线的删除用菜单栏中"工具"菜单中的竖线删除。梯形图元件及电路块的剪切、复制和粘贴等方法与其他编辑类软件操作相似。

（2）采用指令表方式编程。采用指令表编程比较简单，选择"视图"→"指令语句表"即可，或者单击工具栏中的"指令语句视图"图标，进入指令表编程方式，即在编辑区光标位置直接用键盘输入指令语句，一条指令输入完毕后，按回车键后光标移至下一条指令，则可输入下一条指令。指令语句表编辑方式中指令的修改也十分方便，将光标移到需修改的指令语句上，重新输入新指令即可。

无论采用梯形图编程还是指令表编程，当编程完成后，通过选择"视图"菜单中的"梯形图"和"指令表"，两者间可以进行转换。

2. 程序的检查

程序编制完成后，可利用菜单栏中"选项"菜单下的程序检查功能，对程序进行语法、双线圈及电路错误的检查。如有问题，会显示出程序存在的错误。

3. 计算机和 PLC 间程序的传送

（1）将写入计算机中的程序传送到 PLC。先将 PLC 的工作方式开关置于"STOP"状态,再单击菜单栏中"PLC"→"传送"→"写入"命令,接着选中对话框中的"范围设置"按钮,将程序的步序号写入到对话框中的"终止步",然后单击"确认"按钮,即可将步序号范围内的程序写入到 PLC 中。如果选择"所有范围"按钮,则程序写入到 PLC 的 0～7999步中。在"写出"的过程中,计算机会自动将计算机中的程序与 PLC 中的程序进行核对。

(2) 将 PLC 中的程序传送到计算机。选择"PLC"→"传送"→"读出"命令,就可以将 PLC 中的程序读入到计算机中。执行读入命令后,计算机中的程序将丢失,即原有的程序被读入的程序所代替。在此可以对读入到计算机中的程序进行修改。

(3) 核对程序。如果选择"PLC"→"传送"→"核对"命令,就可以将 PLC 中的程序和计算机中的程序进行对比,并将其中不同的部分显示出来。

4. 程序的运行及监控

Fxgpwin 编程软件具有程序的运行及监控功能。在程序读入到 PLC 之后,要运行或监控程序,则首先要将 PLC 的工作方式开关置于"RUN"状态。

(1) 程序的运行及监控。计算机与 PLC 处于联机状态,启动程序运行。在编辑区显示梯形图的状态下,单击菜单栏中"监控/测试"选项后,再单击"开始监控"即进入元件的监控状态。这时,在梯形图上将显示各触点的状态及各数据存储单元的数值变化情况,如图 8.10所示。图中有长方形光标显示的位元件,表示该元件处于接通状态,数据元件中的数据可直接标出。在监控状态下单击"停止监控"可终止监控状态。

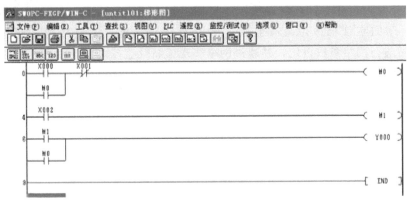

图 8.10 程序的监控

元件状态的监控还可以通过表格方式实现。在编辑区显示梯形图或指令语句表的状态下,单击菜单栏中的"监控/测试"选项,再选择"进入元件监控"项,则进入元件监控状态对话框,在对话框中设置需要监控的元件,在程序运行时就可以显示出要监控的元件的状态了。

(2) 位元件的强制状态。在调试过程中可能需要 PLC 的某些位元件处于 ON 或 OFF 状态,以便观察程序的反应,这可以通过"监控/测试"菜单项中的"强制 Y 输出"及"强制ON/OFF"命令来实现。选择这些命令时会弹出对话框,在对话框中设置需强制的元件号并单击"确定"按钮即可。

(3) 改变 PLC 字元件的当前值。在调试中若需改变字元件的当前值,如定时器、计算器的当前值及存储单元的当前值等,具体操作也是从"监控/测试"菜单项进入,选择改变当前值,在弹出的对话框中设置元件号及数值后单击"确定"按钮即可。

5. PLC 程序的保存和打开

单击"文件"菜单项中的"保存"命令即可对文件进行保存，"文件保存"界面如图 8.11 所示。选择正确的文件名，按回车键，会出现如图 8.12 所示的"文件另存为"界面，输入文件名，按"确定"按钮即可。

图 8.11　"文件保存"界面　　　　　　　图 8.12　"文件另存为"界面

8.3　GX Developer 编程软件的使用

GX Developer 是三菱公司设计的在 Windows 环境下使用的全系列 PLC 编程软件，是可以用于 Q 系列、QnA 系列、A 系列、FX 系列 PLC 的全系列编程软件。该软件简单易学，具有丰富的工具箱和可视化界面，可以采用梯形图、指令表、SFC 及功能块等多种方法编程，能现场进行程序的在线修改，具有监控、诊断及调试功能，实现故障的迅速排除。GX Developer 还可进行网络参数设定，并通过网络实现诊断及监控。

1. GX Developer 编程软件的使用

通过单击"开始"菜单中的"程序"→"MELSOFT 应用程序"→"GX Developer"就可以启动 GX Developer 了。通过单击"工程"菜单的"GX Developer 关闭"，就可以关闭 GX Developer 编程软件。

GX Developer 编程软件的基本操作说明如下。

单击 GX Developer 的"工程"→"新建工程"命令，或单击工具栏中的"工程生成"按钮（或按快捷键 Ctrl＋N），就可以新建一个工程了，创建新工程的界面如图 8.13 所示。

图 8.13　"创建新工程"界面

在"创建新工程"界面,首先设定 PLC 的系列及 PLC 的类型,再设定梯形图逻辑或 SFC 程序的编程类型,还可对是否采用标号程序等进行设定。当确定了对话框中的所有内容后,即可进入梯形图写入窗口,进行梯形图的设计。

2. 梯形图的设计

梯形图的创建方法有几种:通过键盘输入指令助记符的方式创建;通过工具栏的工具按钮创建;通过功能键创建;通过工具栏的菜单创建。

执行上述操作后,会显示"梯形图写入"窗口,如图 8.14 所示。单击"连续输入"选择按钮后,将不关闭梯形图输入窗口并可以连续输入梯形图触点。用鼠标单击要输入图形的位置,再按 Enter 键,可通过梯形图输入框输入指令语句。也可以单击梯形图标记工具栏上的相关符号进行设计,如图 8.14 所示。注意,指令语句中的助记符和元件号间应有空格。

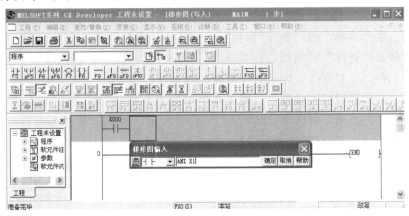

图 8.14 "梯形图写入"窗口

在绘制梯形图时,应注意以下几点。

① 一个梯形图块应在 24 行以内设计,否则会出错。

② 梯形图中一行的元件最多只能设置 11 个触点和 1 个线圈。当一行中出现有 12 个触点以上时将自动移至下一行。

③ 梯形图剪切和复制的最大范围为 48 行。

④ 梯形图符号的插入依据挤紧右边和列插入的组合来处理,所以有时梯形图的形状也会出现无法插入的情况。

⑤ 在读取模式下,剪切、复制、粘贴等操作不能进行。

⑥ 当梯形图中的某块显示为黄色时,表示这部分存在错误。选择"工具"→"程序检查"命令,检查出错内容,进行程序修改。

3. 梯形图和指令语句表的变换与修改

首先单击要进行变换的窗口,再单击工具栏上的 按钮或使用快捷键 F4 完成程序变换。若在程序变换过程中出现错误,则保持灰色并将光标移至出错区域。此时,可双击编辑区,调出程序输入窗口,重新输入指令。若在梯形图变换中发现程序有问题,则可以利用编辑菜单的插入、删除操作对梯形图进行必要的修改,直至能够实现程序的变换。

4. 程序的描述(软元件的注释)

通过对梯形图软元件编辑注释,实现对已建立的梯形图中每个软元件的用途进行说明,以便能够在梯形图编辑界面上显示各软元件的用途，如编辑"X10"的用途为"停止"。每个软元件注释不能超过32个字符。软元件注释包括共用注释及各程序注释。

（1）共用注释。如果在一个工程中创建多个程序，共用注释在所有的程序中有效。

（2）各程序注释。它是一个注释文件，在一个程序内有效的注释，即只在一个特定的程序内有效。

创建共用注释的操作：选择"工程数据列表"中的"软元件注释"→"COMMENT"项。

创建各程序注释的操作：选择"工程"→"编辑数据"→"新建"→"数据类型"命令（各程序注释），设置数据名及索引。

5. 梯形图中软元件的查找和替换

当要对较复杂的梯形图中的软元件进行批量修改时，可采用梯形图的"查找/替换"功能。

（1）查找。单击菜单中的"查找/替换"→"软元件查找"或工具栏上的"查找"按钮，就可以进入"软元件查找"对话框，如图8.15（a）所示。通过"软元件查找"对话框，输入要查找的软元件，并对查找方向及查找对象的状态进行设定。

（2）替换。在梯形图写入状态下，单击菜单中的"查找/替换"→"软元件替换"按钮，就可以进入"软元件替换"对话框，如图8.15（b）所示。另外，软件还具有指令的"查找/替换"及"动合/动断"触点的互换等功能。

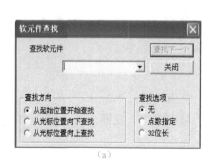
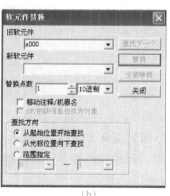

（a）　　　　　　　　　　　　　　（b）

图8.15　查找和替换软元件

6. 指令表编辑

指令语句编辑为利用指令表进行程序的编辑。单击GX Developer菜单中的"显示"→"列表显示"或单击工具栏上的操作按钮，就可以进入指令表编辑区，如图8.16所示。

7. PLC程序的写入和读取

（1）传输设置。采用专用电缆将PLC与计算机连接，并将PLC的工作方式开关置于STOP状态。"传输设置"对话框如图8.17所示。在"传输设置"对话框中，可进行PLC和计算机的串口通信口及通信方式的设定，也可以进行其他网络站点的设定及通信测试。

（2）程序的写入。PLC在STOP状态下，单击"在线"→"写入PLC"或单击工具栏上的写入PLC工具按钮，出现"写入PLC"对话框，选择"参数＋程序"，再单击"开始执行"按钮，实现将编制好的程序写入到PLC中，如图8.18所示。

（3）程序的读取。PLC在STOP状态下，单击"在线"→"读取PLC"或单击工具栏上的读取 PLC 工具按钮，就可以将 PLC 中的程序发送到计算机。

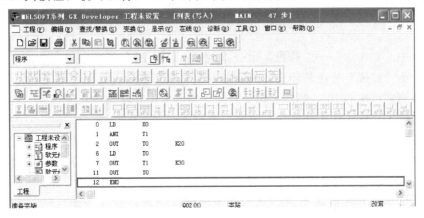

图 8.16 指令表编辑区

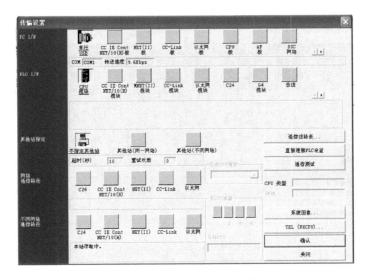

图 8.17 "传输设置"对话框

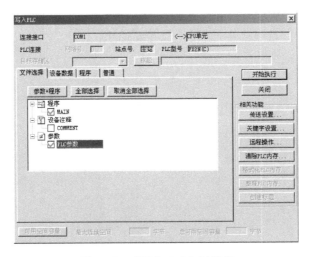

图 8.18 "写入 PLC"对话框

在读取或写入 PLC 对话框中，可以对读取或写入的文件种类进行选择，也可以对软元件数据及程序的范围进行设定。另外，还可以实现计算机和 PLC 中程序及参数的校验。

8. 监视

单击菜单中的"在线"→"监视"命令，就可以监视 PLC 的程序运行状态。当程序处于监视模式时，不论监视开始还是停止，都会显示监视状态窗口，如图 8.19 所示。由监视状态窗口可以观察到被监视的 PLC 的最大扫描时间、当前的运行状态等相关信息。在梯形图上也可以观察到各输入、输出软元件的运行状态，并可通过"在线"→"监视"→"软元件批量"实现对软元件的成批监视。

当 PLC 处于在线监视状态时，仍可按"在线"→"监视"→"监视（写入模式）"操作，对程序进行在线编辑，并进行计算机与 PLC 间的程序校验。

PLC 除了在线监视当前程序运行外，还可以利用"在线"→"跟踪"→"采样跟踪"，间隔一定的时间采样跟踪指定软元件的内容（即 ON/OFF 状态、当前值），并将采样结果存储到存储器的采样跟踪区域内，可查看指定软元件的数据内容的变化过程，以及触点、线圈等 ON/OFF 状态的时序。

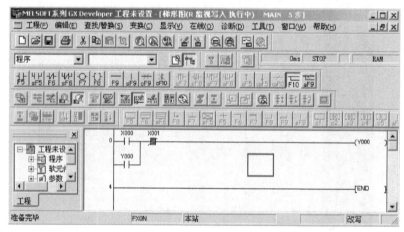

图 8.19　PLC 的监视状态窗口

第9章 实验指导

□ 本章要点

1. 编程器及编程软件的使用。
2. 逻辑指令梯形图程序的调试及运行。
3. 功能指令程序的修改、调试及运行。
4. 简单逻辑控制程序的设计与调试。

9.1 可编程控制器认识实验

1. 实验目的

（1）熟悉手持式编程器的使用。

（2）练习各种类型指令的写入、读出和修改方法。

（3）学习程序运行的方法。

2. 预习要求

（1）复习可编程控制器的基本组成及工作原理。

（2）复习 PLC 的外部接线方式。

（3）阅读手持式编程器的使用说明。

（4）复习基本逻辑指令的操作功能。

3. 实验设备及器材

（1）FX 系列 PLC 一台。

（2）手持式编程器和编程计算机。

4. 实验内容

（1）编程器使用练习。

（2）程序运行操作练习。

5. 实验步骤

（1）关闭电源，将专用电缆插到手持式编程器插孔中，电缆的另一端接 PLC 基本单元的插座，并将 PLC 基本单元的工作方式开关（STOP/RUN）置于 STOP 位置。

（2）按下 PLC 的电源开关，PLC 通电，电源指示灯 POWER 点亮，手持式编程器的液晶显示窗口显示自检内容。

（3）清除 PLC 的 RAM 中内容的操作步骤如下。

$$[RD] \rightarrow [WR] \rightarrow [NOP] \rightarrow [A] \rightarrow [GO] \rightarrow [GO]$$

当液晶显示屏幕上全部显示为"NOP"时，即可写入程序。

（4）写入程序时，首先要选择功能编辑键，键盘上分别有 RD/WR、INS/DEL、MNT/TEST 等，分别表示读/写、插入/删除、监控/测试功能。这些键均为一键两用，其功能为后按者有优先权。当操作这些键时，在液晶显示窗口的左上角显示出对应的标识符：R 和 W、I 和 D、M 和 T。

（5）编程器的操作练习。

① 写入指令练习。将下面所示的指令语句写入 PLC。

00	LD	X0	08	OUT	T0	14	LD	X6
01	AND	X1			K10	15	OUT	C0
02	OUT	Y0	09	LD	T0			K5
03	LD	X2	10	OUT	T1	16	LDI	X4
04	OR	X3			K10	17	OUT	Y3
05	OUT	Y1	11	OUT	Y2	18	END	
06	LD	X4	12	LD	X5			
07	ANI	T1	13	RST	C0			

② 读出指令练习。将上面写入的指令语句按照下面的按键操作顺序读出。

$$[RD] \rightarrow [STEP] \rightarrow [0] \rightarrow [GO]$$

③ 修改指令练习。读出 02 条语句，并将其改写成"OUT M0"；在第 11 条语句前插入"OUT Y3"指令语句；读出 08 条语句并将 T0 的时间常数 K10 改写为 D0。

④ 写入并运行程序的操作练习。

加法运算程序的运行操作练习：

a. 将图 9.1（a）所示的加法运算梯形图所对应的指令语句写入 PLC；

b. 将 PLC 的工作方式切换开关置于 RUN 位置；

c. 闭合输入开关 X10，观察 PLC 输出端 Y17～Y0 的变化规律。

顺序控制程序的运行操作练习：

a. 将图 9.1（b）所示的顺序控制梯形图所对应的指令语句写入 PLC；

b. 将 PLC 置于 RUN 状态；

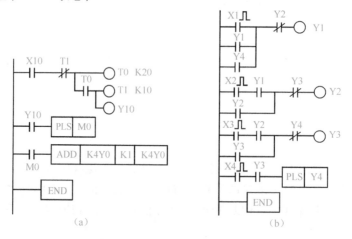

(a)　　　　　　　　　　　　　(b)

图 9.1　运行程序练习

c. 操作 PLC 输入端（X）信号以脉冲形式变化（OFF→ON→OFF），模拟运行程序。

9.2　基本逻辑指令实验

1. 实验目的

（1）通过实验掌握基本逻辑指令的使用。

（2）学习采用编程软件写人、检查和修改程序的方法。

（3）熟悉 PLC 程序运行的方法。

2. 预习要求

（1）复习第 8 章编程软件的内容。

（2）写出本次实验中梯形图所对应的指令语句。

3. 实验设备及器材

（1）FX 系列 PLC 一台。

（2）手持式编程器或编程计算机。

4. 实验内容和步骤

（1）实验要求。将梯形图对应的指令语句写入 PLC，再读出并检查写入的指令语句；操作 PLC 运行程序，手动操作输入信号，观察输出的状态，并记录 PLC 程序运行的结果。

（2）实验内容。

① 上升沿和下降沿取指令的应用。如图 9.2 所示为上升沿和下降沿取指令的应用梯形图。上升沿和下降沿指令的执行时间为一个扫描周期。分析并画出相对应 X12、X14 的变化，输出 Y3、Y5 状态的变化情况。

② 基本指令的应用。如图 9.3 所示为基本指令的应用梯形图，通过实验分析图中第三个梯级中 Y2 动合触点和 X13 动断触点的作用。

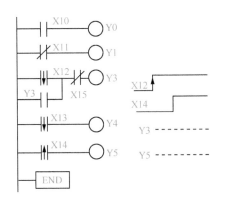

图 9.2　上升沿和下降沿取指令的应用梯形图

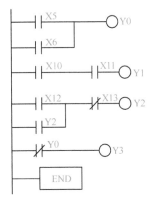

图 9.3　基本指令应用梯形图

③ 电路块指令的使用练习，见图 9.4。

④ 置位、复位指令的使用练习，见图 9.5。

⑤ 基本指令的应用程序。如图 9.6（a）所示为优先电路，手动输入 X1 和 X2 信号，先到来者优先控制输出。将实验的结果填入表 9.1 中。通过实验分析，在第一和第二梯级中相互串入 M10 和 M11 各自动合触点的作用。

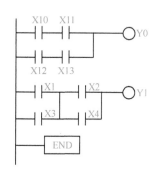

图 9.4 电路块指令的使用练习

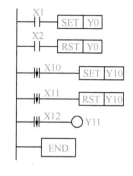

图 9.5 置位、复位指令的使用练习

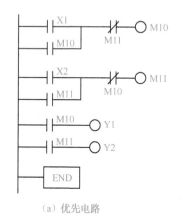

（a）优先电路

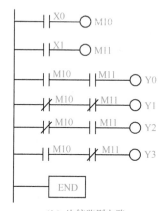

（b）比较鉴别电路

图 9.6 基本指令的应用梯形图

表 9.1 优先电路的实验结果

输入 X 的状态		输出 Y 的状态	
动作顺序	状态	Y1	Y2
X1 先于 X2	ON		
X2 先于 X1	ON		

如图 9.6（b）所示为比较鉴别电路，该电路采用两个状态不同的输入信号 X0 和 X1，产生 4 种不同的输出状态（Y0、Y1、Y2、Y3），故称为比较鉴别电路。根据表 9.2 中 X 的状态进行实验，并将实验结果填入表 9.2 中。

表 9.2 比较鉴别电路实验结果

输入 X 的状态		输出 Y 的状态			
X0	X1	Y0	Y1	Y2	Y3
ON	ON				
OFF	OFF				
OFF	ON				
ON	OFF				

5. 实验报告要求

（1）写出实验中梯形图对应的指令语句。

（2）整理实验操作结果并填入表格中。

（3）总结实验中所用指令的使用方法。

9.3 栈指令、主控指令和脉冲指令实验

1. 实验目的

（1）掌握栈指令 MPS、MRD、MPP 的使用方法。

（2）掌握主控指令 MC 和 MCR 的使用方法。

（3）熟练掌握编程软件的使用。

2. 预习要求

（1）复习栈指令、主控指令及脉冲指令的操作功能及使用方法。

（2）写出本次实验中梯形图所对应的指令语句。

（3）分析梯形图并画出相对应的时序波形图。

（4）分析梯形图原理并预先将实验结果填入实验表格中。

3. 实验设备及器材

（1）FX 系列 PLC 一台。

（2）手持式编程器或编程计算机。

4. 实验内容和步骤

（1）栈指令实验。

① 栈指令使用练习梯形图一如图 9.7 所示。

实验步骤：按照梯形图输入指令语句，操作 PLC 运行程序；手动输入信号 X0～X7，观察输出端信号的变化情况，分析 X0 和 X3 对输出 Y0～Y5 的影响。

② 栈指令使用练习梯形图二如图 9.8 所示。

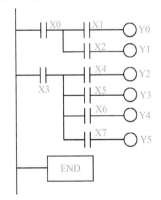

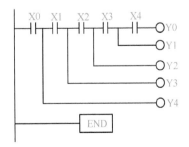

图 9.7　栈指令使用练习梯形图一　　　　图 9.8　栈指令使用练习梯形图二

实验步骤：按照梯形图输入指令语句，操作 PLC 运行程序；手动输入信号 X0～X4，观察输出端信号的变化情况，分析 X0 对输出 Y0～Y4 的影响，将 Y0～Y4 的变化和实验预习分

析的结果进行比较，并将正确的结果填入表 9.3 中。

表 9.3　实验数据

输入 X 的状态					输出 Y 的状态				
X0	X1	X2	X3	X4	Y0	Y1	Y2	Y3	Y4
ON	ON	ON	ON	ON					
	ON	ON	ON	OFF					
	ON	ON	OFF	OFF					
	ON	OFF	OFF	OFF					
	OFF	OFF	OFF	OFF					
	OFF	ON	ON	ON					
	OFF	OFF	ON	ON					
	OFF	OFF	OFF	ON					
OFF	—	—	—	—					

注：表格中"—"为任意状态。

（2）主控指令实验。如图 9.9 所示为主控指令使用练习梯形图。

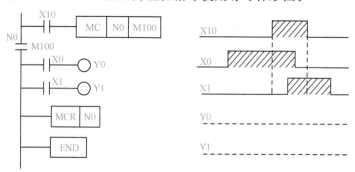

图 9.9　主控指令使用练习梯形图

实验步骤：

① 根据梯形图输入指令语句，操作 PLC 运行程序。

② 使输入信号 X10＝OFF、X0＝X1＝ON，观察 PLC 输出端 Y0、Y1 的变化情况。

③ 使输入信号 X10＝ON、X0＝X1＝ON，观察 PLC 输出端 Y0、Y1 的变化情况。

④ 根据主控指令的操作功能，分析 X10 对输出 Y0、Y1 的影响。将 Y0、Y1 时序波形图的变化和实验预习分析的结果进行比较，画出正确的波形图。

（3）脉冲指令实验。如图 9.10、图 9.11 所示为脉冲指令使用练习梯形图。

实验步骤：

① 根据梯形图输入指令语句，操作 PLC 运行程序。

② 参考图中所示时序波形图中输入信号的变化，改变输入 X 信号，同时观察 PLC 输出端 Y 的变化情况。

③ 分析画出对应 X 变化时 M0、M1 及 Y 的时序波形图。

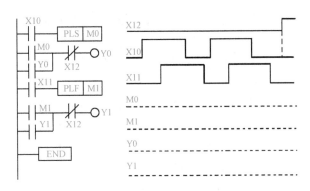

图 9.10 脉冲指令使用练习梯形图一

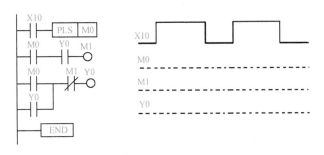

图 9.11 脉冲指令使用练习梯形图二

5. 实验报告要求

（1）整理实验操作结果（表格内容及时序波形图）。

（2）总结实验中所用指令的使用方法。

9.4 定时器和计数器实验

1. 实验目的

（1）掌握定时器、计数器指令的编程方法。

（2）掌握定时器、计数器的使用技巧。

2. 预习要求

（1）复习定时器、计数器指令的操作功能及使用方法。

（2）阅读实验内容和步骤。

（3）写出本次实验中梯形图所对应的指令语句。

（4）分析梯形图并画出相对应的时序波形图。

3. 实验设备及器材

（1）FX 系列 PLC 一台。

（2）手持式编程器或编程计算机。

4. 实验内容和步骤

（1）定时器指令实验。如图 9.12 所示为定时器指令使用练习梯形图。图中内部辅助继电器 M8028 为 OFF 时，T0～T62 的计时脉冲为 100ms；当 M8028 为 ON 时，控制定时器 T32～T62

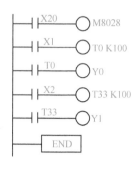

图 9.12　定时器指令使用练习梯形图

的计时脉冲为 10ms。（仅 FX_{0N} 和 FX_{1S} 型 PLC 的 M8028 具有此项功能）

X1、X2 分别为定时器 T0、T33 的执行条件。实验时通过操作 X20 的 ON/OFF 状态，观察对输出 Y0、Y1 的延时作用。

实验步骤：

① 按照梯形图输入指令语句，检查输入程序的正确性，操作 PLC 运行程序。

② 使 X20＝OFF，手动操作输入信号 X1＝X2＝ON，观察输出 Y0、Y1 的延时输出情况。

③ 手动操作 X20＝ON 后，再使 X1＝X2＝ON，观察输出 Y0、Y1 延时时间的变化情况。

④ 改变 T0、T1 的设定值，观察输出 Y0、Y1 延时时间的变化情况。

（2）计数器指令实验。如图 9.13 所示为计数器指令使用练习梯形图。计数器的设定常数 K＝5，当 X10 为 OFF 时，操作 X7 的 ON/OFF 变化 5 次，Y0 有输出。当 X10 为 ON 时，计数器 C0 被复位，X7 计数输入信号无效。

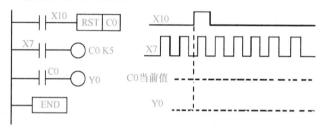

图 9.13　计数器指令使用练习梯形图

实验步骤：按照梯形图输入指令语句，检查输入程序的正确性；操作 PLC 运行程序；手动操作 X7 进行 ON/OFF 变化，观察 PLC 输出端 Y0 的状态，并画出相应的时序波形图。

（3）定时器和计数器的综合实验。如图 9.14 所示为定时器和计数器综合使用梯形图。工作原理为：计数器 C0 的设定常数 K＝10，当 X10 为 ON（X1 为 OFF）时，定时器 T0 开始定时，经过 2s 后，T0 的常开触点闭合，计数器计数 1 次，与此同时 T0 的常闭触点断开，T0 定时器复位；在下一次扫描到来时，T0 的常闭触点复位，T0 线圈得电又开始延时，2s 后计数器再次计数，……，直到计数器计到 10 次，Y0 得电有输出。从 X10 闭合到 Y0 有输出，其延时时间为 $10 \times 2 = 20s$。X1 为 ON 时计数器 C0 复位。

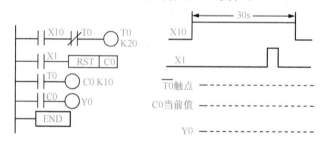

图 9.14　定时器和计数器综合使用梯形图

实验步骤：按照梯形图输入指令语句，检查输入程序的正确性；操作 PLC 运行程序；手动操作输入信号 X10 为 ON，2s 后计数器开始计数，当计满 10 次时，Y0 有输出；当操作X1＝ON时，计数器 C0 复位，Y0 无输出，观察 PLC 输出端 Y0 的状态，并画出时序波形图。

（4）脉冲发生器实验。如图 9.15 所示为脉冲发生器指令使用练习梯形图，其工作原理为：当 X10 为 ON（X20 为 OFF）时，定时器 T50 开始延时，10s 后，T50 的动合触点闭合，Y0 得电有输出，与此同时 T51 线圈得电开始延时，5s 后，由于 T51 的动断触点断开，T50 复位，T51 也复位，T50 动合触点断开，Y0 断电无输出，在下次扫描到来时 T51 动断触点复位，T50 又开始延时 10s，依次类推，可分析得到 Y0 为脉冲波形；当 X20 为 ON 时，M8028 得电，控制 Y0 的脉冲周期发生变化。

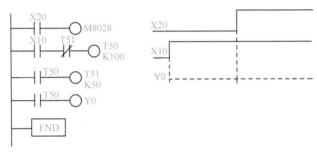

图 9.15　脉冲发生器指令使用练习梯形图

实验步骤：按照梯形图输入指令语句，检查输入程序的正确性；操作 PLC 运行程序；在 X20 分别持续为 ON 或 OFF 两种情况下，手动操作输入信号 X10＝ON；观察 PLC 输出端 Y0 的状态变化，画出 Y0 的时序波形图。

5. 实验报告要求

（1）整理实验操作结果（时序波形图）。

（2）总结实验中所用指令的使用方法。

6. 选做内容——交替输出脉冲实验

如图 9.16 所示为交替输出脉冲电路，图中 X10 为启动信号，通过 T0 和 T1 延时时间的设定可以控制交替输出的频率值。

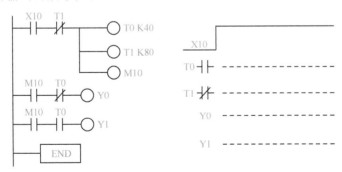

图 9.16　交替输出脉冲电路

实验步骤：按照梯形图输入指令语句，检查输入程序的正确性；操作 PLC 运行程序；手动输入信号 X10＝ON，观察输出端 Y0、Y1 的状态；分析画出 T0 和 T1 触点及 Y0、Y1 的时序波形图；分析 Y0、Y1 交替输出的工作原理；说明 T1 动断触点在电路中的作用。

9.5 步进顺序控制指令实验

1. 实验目的

（1）掌握步进指令的功能。

（2）掌握功能图的编程方法。

（3）掌握步进程序运行的监控操作方法。

2. 预习要求

（1）复习步进指令的操作功能及编程方法。

（2）画出本次实验中功能图所对应的梯形图，并写出其指令语句。

（3）分析梯形图并画出相对应的时序波形图。

（4）完成选做内容的程序设计。

3. 实验设备及器材

（1）FX 系列 PLC 一台。

（2）手持式编程器或编程计算机。

4. 实验内容和步骤

（1）单一循环工作。如图 9.17 所示为单一循环工作的梯形图。

实验步骤：正确输入程序后，运行程序；观察 PLC 的输出；画出 Y0、Y1、Y2 的时序波形图。

（2）选择顺序循环工作。如图 9.18 所示为选择顺序循环工作梯形图。

实验步骤：正确输入程序后，运行程序；手动操作输入信号 X 进行 ON/OFF 变化，观察 PLC 的输出；分析验证功能图的执行顺序。

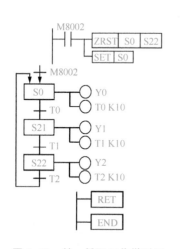

图 9.17 单一循环工作梯形图

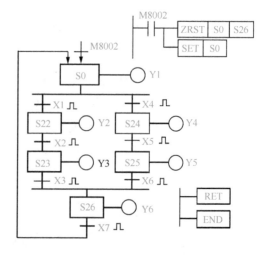

图 9.18 选择顺序循环工作梯形图

（3）并行顺序循环工作。如图 9.19 所示为并行顺序循环工作梯形图。

实验步骤：正确输入程序后，运行程序；手动操作输入信号 X 做 ON/OFF 变化，观察

PLC 的输出；分析验证功能图的执行顺序。

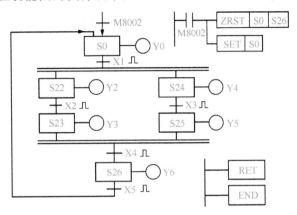

图 9.19 并行顺序循环工作梯形图

（4）如图 9.20 所示为循环控制的功能图。实验步骤：正确输入程序后，运行程序；手动改变输入信号 X26 做 ON/OFF 变化，观察 PLC 的输出变化；验证功能图循环控制的功能。

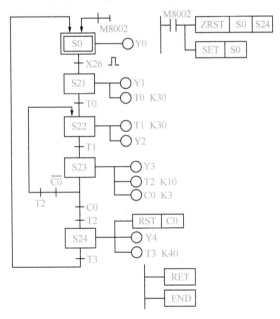

图 9.20 循环控制功能图

（5）根据图 9.21 所示的时序波形图，试采用 STL 指令实现控制，设计程序功能图及 STL 梯形图，并完成程序调试。

5. 实验报告要求

（1）写出图 9.20 所示循环控制功能图对应的指令语句并画出输出信号的时序波形图。

（2）总结计数器指令在 STL 指令编程中的使用方法。

6. 选做内容

如图 9.22 所示为某流水线送料车的运动示意图。其控制要求为：

工作方式 1：当按下 SB1 后，小车由初始位置 SQ1 处前进到 SQ2 处，暂停 5s 后，小车自动后退到 SQ1 处停止；工作方式 2：当按下 SB2 后，小车由 SQ1 处前进到 SQ2 处，暂停 5s 后，再前进至 SQ3 处暂停 2s，然后后退到 SQ1 处停止。

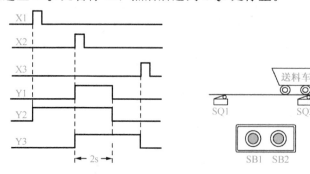

图 9.21　时序波形图　　　　图 9.22　某流水线运料车的运动示意图

试采用 STL 指令实现上述控制要求，要求画出功能图、梯形图并完成程序调试。

在上面控制程序的基础上补充设计：

（1）设置 SB4、SB5 按钮。采用工作方式 2 时，按下 SB4 时自动循环执行 3 次，按下 SB5 时自动循环执行 2 次。

（2）设置停止按钮 SB3。当按下 SB3 时，小车将当前运行方式执行完毕后停止。

9.6　跳转和比较指令实验

1. 实验目的

（1）掌握跳转指令的使用方法。

（2）掌握比较指令的使用方法。

2. 预习要求

（1）复习跳转指令及比较指令的操作功能。

（2）写出本次实验中梯形图所对应的指令语句。

（3）分析本次实验中梯形图的工作原理，并填写表格中的内容。

3. 实验设备及器材

（1）FX 系列 PLC 一台。

（2）手持式编程器或编程计算机。

4. 实验内容和步骤

（1）跳转指令实验。如图 9.23 所示为跳转指令编程梯形图。其工作原理为：在程序运行时，若 X10 为 OFF，不满足跳转条件，程序顺序执行，定时器、计数器工作；当 X10 为 ON 时，程序直接跳到标号 P8 处，跳转指令区域中的继电器状态保持不变；当 X10 再次为 OFF 时，继续按顺序执行程序，定时器、计数器继续工作。

实验步骤：

① 编程时首先取 X10 为动合触点，运行程序，观察 Y1、Y2、Y3 的状态。

② 再将 X10 改为动断触点编程，重新运行程序，观察程序的执行情况。通过实验，分析图 9.23 所示梯形图的工作原理及跳转指令的操作功能。

（2）比较指令实验。如图 9.24 所示为比较指令编程梯形图，图中 X6 为 C5 计数器的计数输入信号，X7 为复位信号，X10 为比较指令的执行条件。

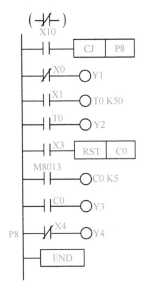

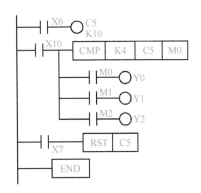

图 9.23　跳转指令编程梯形图　　　图 9.24　比较指令编程梯形图

实验步骤：使 X10＝ON，通过操作 X6 的 ON/OFF 状态，使 C5 计数器的当前值分别为 2、4、5，观察 3 种情况下 Y0、Y1、Y2 的状态，验证比较指令的功能；通过操作 X7 由 ON 到 OFF 变化一次，使计数器复位，再从零开始计数。应注意：计数器计数时 X7 必须为 OFF 状态。

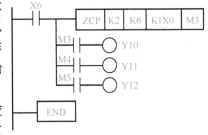

（3）区间比较指令。如图 9.25 所示为区间比较指令应用梯形图，图中 X6 为区间比较指令的执行条件，比较区间为十进制数 2～6。

图 9.25　区间比较指令应用梯形图

实验步骤：正确输入程序后，操作 PLC 运行程序；手动将 X6 置为 ON 状态，按照图 9.25 中所示的梯形图，改变输入 X0～X3 状态，观察输出 Y10～Y12 的状态；分析验证区间比较指令的功能，并将比较的结果填入表格内（自行设计数据表格）。

5. 实验报告要求

（1）整理实验操作结果（表格内容）。

（2）总结实验中所用指令的使用方法。

6. 选做内容

（1）比较指令的应用。如图 9.26 所示为采用比较指令监视计数值的应用。当 X10 为 ON 时，若计数器的当前值小于 10，Y0 有输出；当计数器的当前值为 10 时，Y1 有输出；当计数器的当前值大于 10 时，Y2 有输出；当计数器的当前值为 15 时，Y3 和 Y2 均有输出。分析 Y3 为 ON 状态的时间。

（2）区间比较指令的应用。如图 9.27 所示为用区间比较指令监视计数值的梯形图，当 X10 为 ON 时，计数器的当前值和输出端 Y 的关系如下：

① C1 的当前值小于 10 时，Y4 有输出。

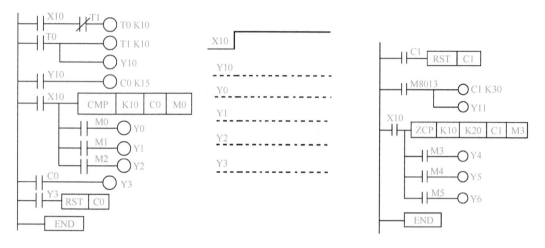

图 9.26　采用比较指令监视计数值　　　　图 9.27　用区间比较指令监视计数值

② C1 的当前值大于等于 10 而小于等于 20 时，Y5 有输出。

③ C1 的当前值大于 20 时，Y6 有输出。

Y11 为内部辅助继电器 M8013（1s 时钟）的输出显示。当计数器的当前值为 30 时，C1 复位，在下一个扫描周期，PLC 又开始循环工作。Y4、Y5、Y6 为 ON 的状态均为 1s。

9.7　传送、移位指令和解码、编码指令实验

1. 实验目的

（1）掌握传送、移位指令及编码、解码指令的使用方法。

（2）掌握用位组成字的方法及编程应用。

2. 预习要求

（1）复习传送、移位及解码、编码指令的操作功能。

（2）写出本次实验中梯形图所对应的指令语句。

（3）分析梯形图并填写表格中的内容。

3. 实验设备及器材

（1）FX 系列 PLC 一台。

（2）手持式编程器或编程计算机。

4. 实验内容和步骤

（1）数据传送指令实验。如图 9.28 所示为采用传送指令编程的梯形图。在图 9.28 中 X30～X33 为梯形图中各个梯级的执行条件，用于分别改变 K1X0、K1X10、K1X20 的状态，在满足执行条件时观察输出端 Y 的状态变化情况，并将输入信号 X 和输出端 Y 的变化情况填入数据表格中（自行设计表格），分析 MOV、BMOV 和 FMOV 传送指令的操作功能。

（2）移位指令实验。如图 9.29 所示为左移位指令的使用练习一，表 9.4 为实验数据表格。图中 X10 为执行条件，当 X10 为 ON 时，电路以 1s 速度进行数据左移位操作。

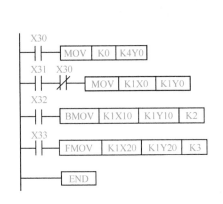

图 9.28 传送指令编程梯形图

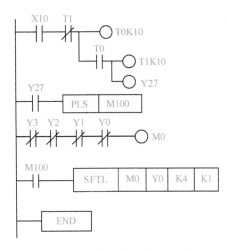

图 9.29 左移位指令使用练习一

表 9.4 实验数据

移位脉冲	输出 Y 的状态			
T0	Y3	Y2	Y1	Y0
0				
1				
2				
3				
4				
5				
6				
7				
8				
9				

如图 9.30 所示为左移位指令的使用练习二，表 9.5 为实验数据表格。图 9.30 中 X10 为执行条件，当 X10 为 ON 时，电路以 1s 速度进行数据左移位操作。

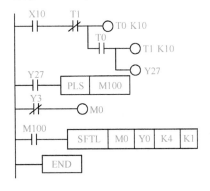

图 9.30 左移位指令使用练习二

表 9.5　实验数据

移位脉冲 T0	输出 Y 的状态			
	Y3	Y2	Y1	Y0
0				
1				
2				
3				
4				
5				
6				
7				
8				
9				

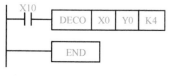

图 9.31　解码指令的应用梯形图

实验步骤：正确输入程序后，运行程序；手动操作输入信号 X10 为 ON，观察 Y0～Y3 的输出；将结果填入表格中。

（3）解码指令实验。如图 9.31 所示为解码指令的应用梯形图，表 9.6 为实验数据表格。图 9.31 中 X10 为执行条件。

实验步骤：

① 使输入 X0～X3 均为 ON，观察 Y0～Y17 的输出。

② 改变输入的数据（X0～X3 的状态），观察 Y0～Y17 的状态变化，并将结果填入表 9.6 中。

表 9.6　实验数据

X 的状态（X10＝ON）				输出 Y 的状态			
X3	X2	X1	X0	Y17～Y14	Y13～Y10	Y7～Y4	Y3～Y0

（4）编码指令实验。如图 9.32 所示为编码指令的应用梯形图，表 9.7 为实验数据表格。图 9.32 中，X30 为编码指令的执行条件，当 X30＝ON 时，将 X7～X0 所表示的十进制数转换为二进制数，由 K1Y0 输出；当 X31＝ON 时，数据寄存器 D10 的数据为零，K1Y0 中的数据也为零。

实验步骤：

① 正确输入程序后，首先操作 X31＝ON，使 K1Y0 中的数据全部为 0；再使 X31＝

OFF、X30＝ON，观察 Y0～Y3 中数据的变化。

② 改变输入的数据（X7～X0 的状态），观察 Y3～Y0 的输出并将结果填入表中。

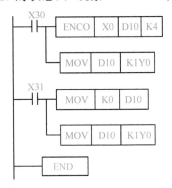

图 9.32　编码指令的应用梯形图

表 9.7　实验数据

十进制数	输入 X 的状态（X30＝ON）								输出 Y 的状态			
	X7	X6	X5	X4	X3	X2	X1	X0	Y3	Y2	Y1	Y0
0												
1												
2												
3												
4												
5												
6												
	X31＝ON											

5. 实验报告要求

（1）整理实验操作结果（表格内容）。

（2）总结实验中所用指令的使用方法。

6. 选做内容

（1）如图 9.33 所示为选做实验的梯形图，参考移位指令实验的实验步骤及实验数据表格的形式，完成实验。

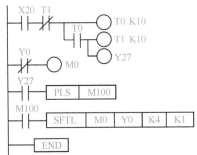

图 9.33　选做实验的梯形图（移位指令的应用）

（2）参考图 9.33 所示的位左移指令（SFTL）应用梯形图，试画出位右移指令（SFTR）应用梯形图并完成实验。

9.8　加 1、减 1 和交替输出指令实验

1. 实验目的

（1）掌握加 1、减 1 指令的操作功能。

（2）掌握交替输出指令的基本使用方法。

2. 预习要求

（1）复习加 1、减 1 指令及交替输出指令的操作功能及使用方法。

（2）写出本次实验中梯形图所对应的指令语句。

（3）分析梯形图并画出相对应的时序波形图。

3. 实验设备及器材

（1）FX 系列 PLC 一台。

（2）手持式编程器或编程计算机。

4. 实验内容和步骤

（1）加 1、减 1 指令的使用。如图 9.34 所示为加 1、减 1 指令使用练习梯形图，图中用 X0 将原始数据 K0 送到数据寄存器 D0 中，进行清零，由 Y3～Y0 可以观察出 D0 中的数据。X10 为加 1 运算的执行条件，X10 由 OFF 到 ON 每变化一次，进行加 1 运算一次，由 Y3～Y0 可以观察到加 1 运算的数据变化。X11 为减 1 运算的执行条件。采用比较指令将加 1 和减 1 运算中 K1Y0 中的数据和 K6 进行比较。

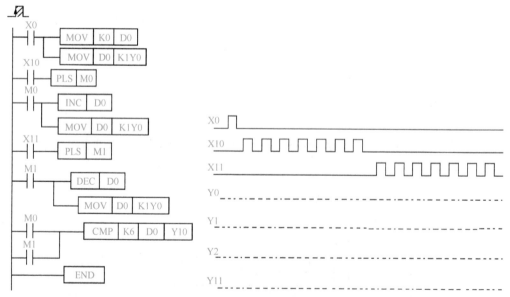

图 9.34　加 1、减 1 指令使用练习梯形图

实验步骤：

① 首先使 X0＝ON，D0 清零，使 K1Y0 中的数据为 0。

② 再使 X0＝OFF，操作 X10 进行加 1 操作，X10 由 OFF 到 ON 每变化一次，进行一次加 1 运算，并观察输出端 Y0～Y3 的状态变化情况。

③ 利用 X11 用同样的方法进行减 1 操作，观察输出端 Y0～Y3 的状态变化情况。

④ 观察比较指令执行的结果，即 Y10～Y12 的状态变化情况，并在图 9.34 中补充画出其对应的时序波形图，检验程序的正确性。

（2）交替输出指令的使用。如图 9.35 所示为交替输出指令练习梯形图一，图中 X10 为 ON 时，在 M0 的上升沿，Y0 和 Y1 的状态变化频率相同，但状态完全相反，即交替输出。

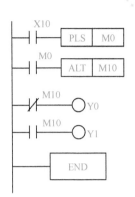

图 9.35 交替输出指令练习梯形图一

实验步骤：正确输入程序后，操作 PLC 运行程序；观察 PLC 的输出端 Y0、Y1 的状态，学习交替输出指令的操作功能，检验程序的正确性，同时画出 Y0 和 Y1 的时序波形图。

如图 9.36 所示为交替输出指令使用练习梯形图二，图中由 T0、T1 控制 Y0 的 OFF/ON 时间间隔，Y0 为 OFF 的时间为 2s，为 ON 的时间为 4s，输出 6s 周期的方波信号。Y10 在 Y0 的上升沿交替输出，Y20 在 Y10 的上升沿交替输出。

实验步骤：正确输入程序后，操作 PLC 运行程序；手动操作 X0＝ON，观察 PLC 的输出端 Y0、Y10、Y20 的状态，学习交替输出指令的操作功能，检验程序的正确性，同时画出相应的时序波形图。

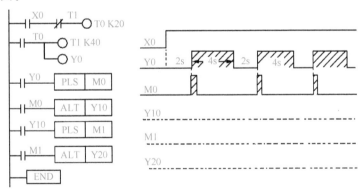

图 9.36 交替输出指令使用练习梯形图二

5. 实验报告要求

（1）整理实验操作结果（时序波形图）。

（2）总结实验中所用指令的使用方法。

6. 选做内容

采用加 1、减 1 指令和比较指令，设计一个简单的停车场显示装置控制程序。假设停车场的最大容量为 50 辆，进入一辆汽车时，控制显示器的数据加 1；开出一辆汽车时，控制显示器的数据减 1。在显示数据小于 50 时，点亮绿灯允许汽车进入，并通过 PLC 的一个端口输出信号，表示有停车的空位；当显示数据等于 50 时，点亮红灯禁止汽车进入。

9.9 功能指令应用实验

1. 实验目的

(1) 掌握功能指令的使用方法。

(2) 学习简单控制程序的设计方法。

(3) 掌握控制程序的调试方法。

2. 预习要求

(1) 分析实验中梯形图的工作原理。

(2) 写出梯形图所对应的指令语句。

(3) 准备选做内容的控制程序。

3. 实验设备及器材

(1) FX 系列 PLC 一台。

(2) 手持式编程器或编程计算机。

(3) 模拟电路板一块（彩灯模拟电路板）。

(4) 连接导线。

4. 实验内容和步骤

(1) 四则运算实验。如图 9.37 所示为四则运算程序梯形图，此程序可以实现"［（20×X）/2］＋3"的运算，式中 X 为输入 K2X0 送入的二进制数，运算的结果送到输出 K2Y0，X20 为执行条件。

实验步骤：正确输入程序后，操作 PLC 运行程序；改变式中的 X 值，观察 PLC 输出端的状态；将四则运算的结果填入表格中（自行设计表格）。

(2) 彩灯循环控制实验。如图 9.38 所示为彩灯循环控制程序梯形图，图中采用 4s 时钟发生器和 MOV 指令实现控制，X0 为启动开关，8 个彩灯分别连接在输出端 Y7～Y0 上，可以实现隔灯显示，每 2s 交换一次，反复运行。K85 和 K170 在 PLC 内部是两组状态（0、1）完全相反的二进制数码，所以可以实现隔灯显示的功能。

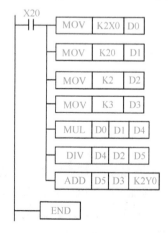

图 9.37 四则运算程序梯形图

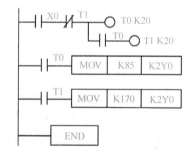

图 9.38 彩灯循环控制程序梯形图

实验步骤:

① 使 X0＝ON, 观察输出端彩灯 (Y0~Y7) 的状态变化。

② 改变彩灯的点亮频率 (改变 T0 和 T1 的延时时间), 观察输出端彩灯 (Y0~Y7) 的变化; 通过实验, 分析梯形图的工作原理, 总结功能指令的使用方法。

(3) 多谐振荡电路实验。如图 9.39 所示为多谐振荡程序梯形图, 图中振荡电路的频率可以设定, 在 X30 为 ON 时, 将 K2X0 的数值设置为振荡器的频率值。X10 为振荡器的启动开关。

实验步骤: 正确输入程序后, 操作 PLC 运行程序; 观察 PLC 输出端的状态; 手动改变输入信号 X0~X3 的状态, 设置振荡频率值, 观察输出 Y0 状态的变化; 记录参数及时序波形图。

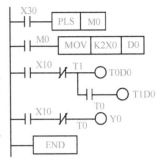

图 9.39　多谐振荡程序梯形图

5. 实验报告要求

(1) 分析实验所用梯形图的工作原理。

(2) 总结实验中功能指令的使用方法。

(3) 总结验证、调试程序的方法。

6. 选做内容

(1) 如图 9.40 所示为乘法指令的程序梯形图, 该梯形图可以实现按照一定的频率执行乘法运算, 实现控制 K4Y0 的状态。首先使 X30＝ON, 观察 K4Y0 的变化; 在此基础上, 试在程序中加入指令语句:

LD 　Y17

PLS 　M11

LD 　M11

MOV 　K0 　K4Y0

再观察 K4Y0 的变化, 分析所加入指令语句的操作功能。

(2) 如图 9.41 所示为除法指令的程序梯形图。X30 为该梯形图的启动信号, 当 X30 为 ON 时, 观察 Y27、Y17 及 K4Y0 的变化, 试分析该梯形图的工作原理。

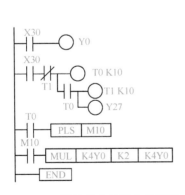

图 9.40　乘法指令的程序梯形图

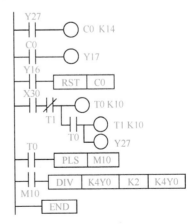

图 9.41　除法指令的程序梯形图

9.10　简单控制程序应用实验

1. 实验目的

（1）学习简单控制程序的编程方法。

（2）掌握简单控制程序的调试方法。

（3）训练用 PLC 解决实际控制问题的能力。

2. 预习要求

（1）复习经验法和顺序功能图的编程方式。

（2）将本次实验的题目，按作业的形式预先完成理论设计（功能图、梯形图及指令语句）。在实验中进行程序的调试、修改和优化。

3. 实验设备及器材

（1）FX 系列 PLC 一台。

（2）手持式编程器或编程计算机。

（3）模拟硬件电路板及连接导线。

4. 实验内容和步骤

（1）经验设计法编程练习。

① 采用经验法设计满足图 9.42 所示的时序波形图的控制程序。

② 如图 9.43 所示为计数器应用时序波形图，要求在 X0 为 ON 时，Y0 变为 ON 且自保；T0 定时 7s 后，用 C0 对 X1 输入的脉冲计数，计满 4 个脉冲后，Y0 变为 OFF，同时 C0 和 T0 复位，在 PLC 刚开始执行用户程序时，C0 也被复位。

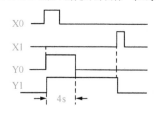

图 9.42　时序波形图

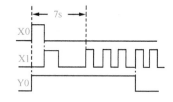

图 9.43　计数器应用时序波形图

（2）顺序功能图编程练习。

① 要求对 3 台电动机 KM1、KM2、KM3 实现启动和停止控制。按下启动按钮后，要求 3 台电动机按照 KM1、KM2、KM3 的顺序间隔 2s 启动；停止时要求按照 KM3、KM2、KM1 的顺序间隔 5s 停止。

② 某液压动力滑台的运动控制示意图如图 9.44 所示。动力滑台在初始位置时停在最左边（原位），行程开关 X0 为 ON。按下启动按钮后动力滑台的进给运动如图 9.44 表中所示。试编程控制动力滑台运动。

（3）功能指令编程练习。

① 彩灯点亮控制。用 X10 控制 16 个彩灯循环点亮，点亮时间为 2s。初始状态第一个彩灯为点亮状态。

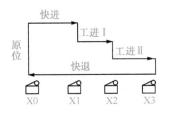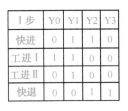

图 9.44 液压动力滑台的运动控制示意图

② 用 X0 给计数器输入计数脉冲信号，X10 给计数器复位；将计数器的当前值转换为 BCD 码后，送入 Y0～Y7。

实验要求及步骤：根据实际情况，在 (1)、(2)、(3) 项练习中各选择一题练习。正确输入程序后，操作 PLC 运行程序，手动操作输入信号，观察 PLC 输出端的变化，调试并检验程序。

5. 选做内容

(1) 交通灯控制程序。如图 9.45 所示为某交通灯控制时序波形图。当 X4 为 ON 时，Y0（红）、Y1（绿）、Y2（黄）按照时序波形图的要求变化。

(2) 如图 9.46 所示为自动抽水蓄水塔工作示意图，其控制要求为：

① 若液位传感器 SL1 检测到蓄水池有水，并且 SL2 检测到水塔未达到满水位时，抽水泵电动机运行，抽水至水塔。

② 若 SL1 检测到蓄水池无水，泵电动机停止运行，同时蓄水池无水指示灯点亮。

③ 若 SL3 检测到水塔水位低于下限时，水塔无水指示灯点亮，继续抽水。

④ 若 SL2 检测到水塔满水位（高于上限）时，点亮水位高指示灯，泵电动机停止运行。

要求设计、调试控制程序。

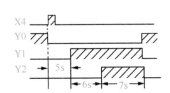

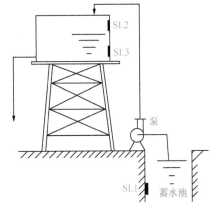

图 9.45 交通灯控制时序波形图 　　　　图 9.46 自动抽水蓄水塔工作示意图

6. 实验报告要求

(1) 整理实验程序。

(2) 总结调试程序中出现的问题及解决的方法。

第 10 章　实训指导

□ **本章要点**

1. PLC 的功能和应用范围，I/O 单元的使用。
2. PLC 控制系统的组成、设计步骤和程序设计方法。
3. 简单控制系统的程序设计和系统控制功能调试。

10.1　PLC 实训教学的要求

10.1.1　PLC 实训的任务和要求

（1）学生在老师的指导下，根据任务书下达的控制要求，独立完成一项运用可编程控制器实现控制的程序设计工作，并完成调试工作，受到一次程序设计、调试的基本训练。

（2）学生应根据自己承担的具体课题，积极发挥主观能动性，自觉地寻找资料，寻求指导，在不断研究问题的过程中，培养通过自学而扩展知识的能力。

学生通过 PLC 实训教学应完成的任务如表 10.1 所示。

表 10.1　PLC 实训教学应完成的任务

序　号	内　　容	备　注
1	某工程设计说明	张
2	某工程控制系统原理图	张
3	某工程控制系统流程图	张
4	PLC 的 I/O 元件接线图	张
5	控制系统 PLC 的功能图及梯形图	张
6	控制系统 PLC 指令语句表	（已上机通过）
7	课题设计说明书	

10.1.2　课题的设计方法与步骤

课题的设计分为以下 5 个阶段。

第一阶段：研究任务书、补充讲课、收集资料

（1）学生研究设计任务书：要清楚实训设计内容及要求。

（2）教师补充讲授内容：控制系统的工艺流程、控制方案的确定方法、自动化设备的基本构成原理、控制用电气及检测元件的类型及选择原则。

（3）学生查阅资料：工艺系统图及工艺流程图、有关的参数表、有关的自动化仪表及电气设备的产品样本。

第二阶段：确定设计方案、绘制设计草图

（1）根据控制系统的工艺流程图及控制要求，确定 PLC 的基本控制方案。

（2）分析设计控制动作的顺序、动作条件，保护措施及手动、自动工作方式。

第三阶段：确定 PLC 的 I/O 点数，设计功能图及梯形图，上机调试程序

（1）根据控制要求及用户的设备确定 PLC 的 I/O 点数。

（2）根据工艺要求、现场条件及 I/O 点数等条件选择 PLC 的机型。

（3）I/O 接线图的设计及硬件电路元器件的选择。

（4）PLC 程序的设计及调试。

（5）连接输入信号的模拟装置，对程序进行调试和修改，直至满足要求为止。

（6）将 PLC 和外部负载连接，实现带负载运行程序，进行软、硬件的调整，以满足控制要求。

第四阶段：绘制正式图纸并编制文件

根据设计的方案绘制出正式的图纸，进行文件编制。

第五阶段：完成实训报告

实训报告应包括以下内容。

（1）简要说明课题的设计内容及要求。

（2）设计方案总体介绍。

（3）具体的设计内容及设计特点介绍。

（4）总结在设计中遇到的问题及解决的方法（本次设计中的收获、体会）。

10.1.3 实训课题的确定

为了保证 PLC 实训教学的效果，满足不同层次学生对实践训练的需求，一个班的 PLC 课程实训可设定 8~10 个题目，其难易程度、复杂程度应有所不同。

参加实训的学生应根据自己的能力，选择自己能够独立完成的课题，也可以由教师帮助指定课题。

10.2 电子产品自动控制课题

10.2.1 自动洗衣机控制

自动洗衣机内设置有高水位和低水位的开关量检测传感器，控制面板上设置有启动开关、停止开关、定时器及自动洗衣的方式设定触摸按键等。自动洗衣的过程有：洗涤、清洗和脱水。自动洗衣的全过程包括：启动、进水、洗涤、排水、脱水等，其中洗涤 3 次，清洗 2 次，每次排水后均进行脱水。设计满足下面要求的控制程序。

1. 控制要求

（1）按下启动按钮后，进水阀闭合进水，直到高水位开关闭合后结束。

（2）首先进行正向洗涤（闭合电动机正向接触器），洗涤 15s 后暂停。

（3）暂停 3s 后，进行反向洗涤（闭合电动机反向接触器），洗涤 15s 后暂停。

（4）暂停 3s 后，完成一次洗涤过程。

（5）再返回进行从正向洗涤开始的全部动作，连续重复 3 次后结束。

（6）开排水阀进行排水。

（7）排水一直进行到低水位开关断开后，进行脱水（闭合脱水电动机接触器）。

（8）脱水动作（10s）结束后，又返回执行从进水开始的全部动作，连续重复全部动作 2 次。

（9）最后进行洗完报警，报警 10s 后自动停止。

2. 附加控制要求

（1）可以设置洗衣机的自动启动时间，每日 24 小时的某个时刻均可以设定。

（2）有两种工作方式可供选择：全自动和半自动方式。全自动工作方式如"控制要求"中所述。半自动工作方式为：手动进水，任意选定操作洗衣的某个过程，不必每次执行清洗、洗涤和脱水 3 个过程，任意选择洗衣的时间和脱水的时间。

（3）洗涤作用强弱的控制。可以任意选择洗涤作用的强弱，设置选择按钮，通过控制洗衣机中电动机的转速来实现。

3. 实训内容及要求

（1）电动机的主电路设计，PLC 的 I/O 接线图及洗衣机的控制面板设计。

（2）程序梯形图的设计及调试。

（3）连接外部负载（微电机、数字显示器件等）调试程序。

（4）总结（程序调试中的故障判断和处理方法）。

10.2.2 自动售货机的控制

某台自动售货机可以销售汽水、咖啡、纯净水、口香糖。具有硬币识别、币值累加、自动售货、自动找钱等功能。此售货机可以接受的硬币为 0.1 元、0.5 元和 1 元。汽水的价格为 1.2 元，咖啡的价格为 1.5 元，纯净水的价格为 1 元，口香糖的价格为 0.5 元。设计满足下列要求的控制程序。

1. 售货机的功能

（1）首先投入硬币，再按下按钮选择所需购买的物品。当硬币的总价值等于或大于 1.2 元时，汽水指示灯点亮；当硬币的总价值等于或大于 1.5 元时，咖啡的指示灯点亮。

（2）购物者按下"汽水"按钮，汽水从售货口自动售出，汽水指示灯闪烁（周期为 1s）。

（3）购物者按下"咖啡"按钮，自动售出咖啡，咖啡指示灯闪烁（周期为 1s）。

（4）售货机自动找出超出的零钱。

（5）售出纯净水和口香糖的过程与（2）和（3）的描述相同。

2. 控制要求

（1）如果售货机出现故障，或顾客投入硬币后又不想买了，可以按下复位按钮，则售货机自动退回顾客投入的硬币，但只能在顾客未按下取商品按钮之前，此项操作才有效。

（2）具有销售数量和销售金额的累计功能。

根据实训的实际情况还可增设以下设计内容：

① 要求同时采用步控指令或经验设计法完成程序设计。

② 售货机具有报警提示功能，如售货机内需加货时报警，售货机内无此货时在报警的同时，还可以自动锁住选货的按钮并退出硬币。

3. 实训内容及要求

（1）PLC 的 I/O 接线图设计，自动售货机的控制面板设计。

（2）程序梯形图设计及调试。

（3）连接外部负载调试程序。

（4）总结（程序调试中的故障判断和处理方法）。

10.2.3 超市收银机的控制

1. 收银机的功能

设计模拟超市收银机的工作控制程序。假设所售商品设置有 4 位数字的条码，PLC 根据输入的数码，显示商品的单价，能对多件某商品的总价和所购全部商品的价格进行合计并显示，同时输出打印机的控制信号。

2. 控制要求

（1）PLC 内部存储有所售商品的单价（按照商品的编码输入到内存，可以假设为 4 位数字）。

（2）在 PLC 输入端连接数码拨轮，采用数字拨轮代替条码扫描机，给 PLC 输入 4 位商品的编码，根据输入商品的数码 PLC 调出该商品的单价并进行单价显示。

（3）能够成倍计算某件商品的总价并进行显示。

（4）对所购商品的价钱进行合计，确认后显示出总价。

（5）在确认所购商品的总价之前，若需要修改已输入的内容，可以直接删除或重新输入，在确认总价之后，要修改购物单的内容，则需要输入一专用密码，才可以进行修改。

（6）具有当日总账的结算功能，以便收银员的交接班。

3. 实训内容及要求

（1）PLC 的 I/O 接线图设计。

（2）程序梯形图设计及调试。

（3）连接外部负载调试程序。

（4）总结（程序调试中的故障判断和处理方法）。

10.2.4 抢答器控制

智力抢答器的设计原则为：可以根据参赛的具体情况设定时间，能够用声光信号表示竞赛的状态，采用数字显示器件显示参赛者的得分情况。本设计要求设有 3 组，即 3 个抢答按钮，最先按下按钮的有效，同时伴有声光指示。在规定的时间内答题正确时加分，否则减分。具体的控制要求如下。

1. 控制要求

（1）竞赛开始时，主持人闭合启动按钮 SB，指示灯 LED1 点亮。

（2）当主持人按下开始抢答按钮 SB0 后，计时开始，10s 内无人抢答，控制发出持续 2s 的声音，指示灯 LED2 点亮，表示抢答自动撤销。

（3）当主持人按下开始抢答按钮 SB0 后，如果在 10s 内有人按下抢答按钮（SB3、SB4、SB5），则最先按下的信号有效，相应抢答桌面上的抢答灯点亮（HL3、HL4、LH5），赛场音响发出短促的声音（0.2s 周期）。

（4）当主持人确认抢答有效后，按下答题时间计时按钮 SB1，开始计时，当计时时间到时（假设 5s），赛场的音响发出持续 3s 的长音，抢答器桌上的抢答灯再次点亮。

（5）如果抢答者在规定的时间内回答问题正确，主持人按下计分按钮 SB2，对其加分，同时抢答桌上的指示灯快速闪烁（周期为 0.3s）。

（6）如果抢答者在规定的时间内不能正确地回答问题，主持人按下计分按钮，对其减分。

本设计题目可根据实际实训的情况增加设计内容，如采用数码管显示加、减分的数字显示。

2. 实训内容及要求

（1）PLC 的 I/O 接线图设计，抢答器的控制面板设计。

（2）程序梯形图设计及调试。

（3）抢答器控制系统的调试。

（4）总结（程序调试中的故障判断和处理方法）。

10.3　生产线自动控制课题

10.3.1　机床动力头自动控制

如图 10.1 所示为某组合机床的动力头动作原理示意图，图中动力头由电动机 KM 驱动。在动力头运动的行程中，设置有 4 个限位开关，分别为原位限位开关 A，1 号位、2 号位和 3 号位限位开关。动力头可以前进和后退。

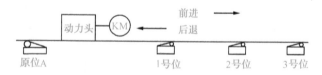

图 10.1　动力头动作原理示意图

1. 控制要求

（1）第一种工作方式。动力头首先由原位出发，运行到 1 号位后，立即后退返回原位，然后再由原位前进到 2 号位再后退返回，接着运行到 3 号位，再返回原位，一直运行下去。

（2）第二种工作方式。仍旧按照第一种工作方式的顺序运行，但是要求控制动力头到达某工位的次数不同。启动后由原位出发先到达 1 号位，连续执行 3 次后，返回原位；接着从原位出发，直接到达 2 号位，连续执行 2 次后，返回原位；再由原位出发直接到达 3 号位一次，返回原位。

（3）启动操作。当按下启动按钮时，动力头按照工作方式的选择，进入某一种工作的连续循环运行状态，一直运行到按下停止按钮为止。

（4）停止操作。当按下停止按钮时，动力头要运行到当前工作方式中的最后一步，才能停止工作并返回原位，等待下一次启动。

2. 实训内容及要求

（1）电动机的主电路设计，PLC的I/O接线图设计。

（2）程序梯形图设计及调试。

（3）连接外部负载或模拟电路进行控制功能的调试。

（4）总结（程序调试中故障的判断及处理方法）。

10.3.2 大、小球分检控制

如图10.2所示为某生产线的大、小球自动分检装置示意图。自动分检装置工作过程的顺序如下所述。

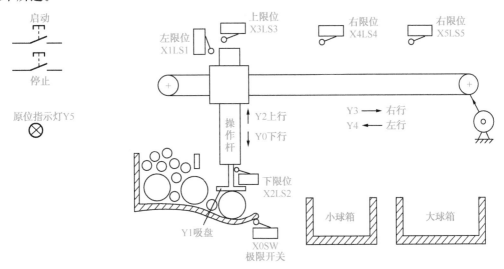

图 10.2　大、小球自动分检装置示意图

1. 工作过程顺序

（1）当分检装置处于起始位置时，原位指示灯点亮，此时上限位开关LS3和左限位开关LS1被压下闭合，极限开关SW断开。

（2）启动装置后，操作杆下行，一直可以下行到极限开关SW闭合；在下行的过程中，若碰到的是大球，则下限位开关LS2一直为断开状态，而极限开关SW为闭合状态；若碰到的是小球，则下限位开关LS2为闭合状态，极限开关SW为断开状态。

（3）接通控制吸盘的电磁阀线圈。

（4）假设吸盘吸起的是小球，则操作杆上行，碰到上限位开关LS3。

（5）操作杆右行，碰到右限位开关LS4，即小球的右限位开关。

（6）下行到下限位开关LS2闭合后，将小球释放到小球箱里，然后返回到原位。

（7）如果启动装置后，操作杆下行一直到SW闭合后，下限位开关LS2仍为断开状态，则吸盘吸起的是大球；操作杆上行后再右行，碰到右限位开关LS5，即大球的右限位开关后，将大球释放到大球箱里，之后返回到原位，点亮原位指示灯，如此周而复始地循环工作。

（8）按下停止按钮后，操作杆要将当前的动作执行完毕后，才能返回原位停止。PLC 外部设置急停开关。

2. I/O 地址分配

本实训课题的 I/O 地址分配如表 10.2 所示。

表 10.2 I/O 地址分配

输 入 信 号		输 出 信 号	
启动按钮	X10	下行	Y0
极限开关	X0	吸盘	Y1
左限位开关	X1	上行	Y2
下限位开关	X2	右行	Y3
上限位开关	X3	左行	Y4
右限位开关	X4	原位指示	Y5
右限位开关	X5		

可根据实际实训的情况增加以下设计内容：

（1）加入检测吸盘工作是否正常的硬件装置和软件程序。

（2）实现累计被检出的小球、大球的数量。

（3）用数码管显示被检出的小球、大球的数量。

3. 实训内容及要求

（1）电动机的主电路设计，PLC 的 I/O 接线图及系统的控制面板设计。

（2）程序梯形图设计及调试。

（3）连接外部负载或模拟电路进行控制功能的调试。

（4）总结（程序调试中的故障判断和处理方法）。

10.3.3 皮带运输机控制

如图 10.3 所示为原料皮带运输机传输系统示意图，图中由 3 台电动机驱动 3 个皮带运输机，3 台电动机分别由交流接触器 KM1、KM2、KM3 控制。皮带运输机的工作方式如下所述。

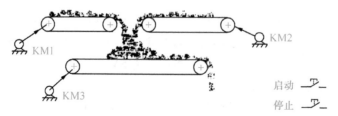

图 10.3 皮带运输机传输系统示意图

1. 皮带传输机的 3 种工作方式

（1）第一种工作方式。KM1 和 KM3 同时工作方式。启动后 KM3 首先运行，延时 10s 后，KM1 再投入运行，停止时 KM1 首先停止运行，10s 后 KM3 停止运行。

（2）第二种工作方式。KM1、KM2 和 KM3 全部工作方式。启动时 KM3 首先运行，延时 10s 后，KM1、KM2 再投入运行。

（3）第三种工作方式。KM1、KM2 和 KM3 全部工作方式。启动时 KM3 首先运行，延时 10s 后，KM1 投入运行，KM1 运行 5s，KM2 再投入运行。KM1 和 KM3 一直通电运行，KM2 间隔 5s 工作（运行 5s，停止 5s），停止时 KM3 首先停止运行，延时 10s 后 KM1、KM2 再停止运行。

2. 故障停车工作方式

在 KM1 和 KM3 同时工作方式下，若 KM3 出现故障，KM1 和 KM3 立即停止运行，若 KM1 出现故障，KM1 立即停止运行，KM3 延时 10s 后停止工作。

在 KM1、KM2 和 KM3 同时工作方式下，若 KM1 或 KM2 出现故障，KM1、KM2 立即停止工作，KM3 延时 10s 后停止运行。若 KM3 出现故障，KM1、KM2、KM3 立即同时停止工作。

3. 实训内容及要求

（1）电动机的主电路设计，PLC 的 I/O 接线图设计。

（2）程序梯形图设计及调试。

（3）连接外部负载或模拟电路进行控制功能的调试。

（4）总结（程序调试中的故障判断和处理方法）。

10.3.4 双料斗皮带运输机控制

1. 控制要求

如图 10.4 所示为双料斗皮带运输机传输系统示意图。图中由交流接触器 KM3～KM5 控制 3 个电动机，交流接触器 KM1 和 KM2 分别控制料斗的底门。要求设计满足下述控制要求的 PLC 程序。

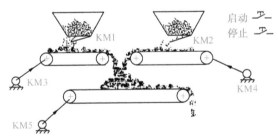

图 10.4　双料斗皮带传输机传输系统示意图

（1）工作方式。根据配料比例的要求，KM2 间断工作。启动后，KM2 打开 5s，关闭 5s，间断工作。KM1、KM3、KM4、KM5 为连续运行状态。通过外部开关可以选择设置 KM2 的间断工作时间分别为 5s、10s、15s。

（2）启动操作方式。该设备遵循下列顺序启动：KM5 首先工作，延时 5s 后，KM3 和 KM4 投入工作；再延时 5s 后，KM1 和 KM2 开始工作。

（3）停止操作方式。该设备遵循下列顺序停止：首先 KM1 和 KM2 停止工作，延时 5s 后，KM3 和 KM4 停止工作，再延时 5s 后，KM5 停止工作。

（4）故障停车方式。

① 若 KM1 或 KM2 出现故障，KM1、KM2 立即关闭，延时 5s 后，KM3、KM4 停止运行，再延时 5s 后，KM5 停止运行。

② 若 KM3 或 KM4 出现故障，KM1、KM2 和 KM3、KM4 立即停止工作，KM5 延时 5s 后停止工作。

③ 若 KM5 出现故障，KM1、KM2、KM3、KM4、KM5 立即停止工作。

2. 实训内容及要求

（1）电动机的主电路设计，PLC 的 I/O 接线图设计。

（2）程序梯形图设计及调试。

（3）连接外部负载或模拟电路进行控制功能的调试。

（4）总结（程序调试中的故障判断和处理方法）。

10.3.5 药片自动装瓶机控制

1. 控制要求

如图 10.5 所示为药片自动装瓶机工作示意图，图中 Y10 为漏斗的控制开关；X0 为光电传感器，用于检测进入瓶内的药片；Y11 为驱动传送带的电动机。选择按钮 X1、X2 和 X3 用于设定药片装瓶的数量，假设 X1 闭合药片数选择为 20，X2、X3 分别表示为 30、50 片。药片自动装瓶机的控制要求如下所述。

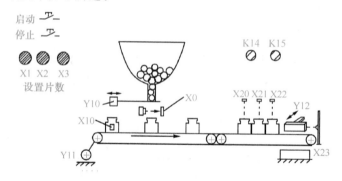

图 10.5　药片自动装瓶机工作示意图

（1）工作方式一。

① 启动后传输带运行，5s 后药瓶到达装药片的位置，传输带停止，漏斗控制开关 Y10 打开，开始装瓶，同时光电开关 X0 检测进入瓶内的药片，当药片装够数量后，立即关闭 Y10 并启动 Y11 传输带运行，5s 后传输带再次停止，又开始装药片，……，如此循环工作下去。

② 通过手动操作"设置药片装瓶的片数"按钮开关，设置需要装入瓶内的片数。

③ 在装药的过程中，若按下系统停止开关，系统要在当前药瓶装满后才能停止工作。

（2）工作方式二。在工作方式一的基础上，设置光电传感器 X20、X21、X22、X23，用于检测药瓶数及包装箱数，X14、X15 为每箱的药瓶数设置按钮。增加的控制要求如下：

① 设置检测药瓶状态的光电元件 X10，用于实现系统在工作时，首先检测传送带最左边第一个瓶子的状态，当出现问题（瓶子倒了或未到位）时，在前一个瓶子装药完毕后立即

停车。

② 实现手动设置药瓶包装数，可以选择设置 3 瓶或 5 瓶包装在一起。按手动设定的包装数，完成包装工作后，推板 Y12 动作，进行装箱。

③ 装完 5 箱后，点亮指示灯，并返回初始状态。

可根据实际实训的情况增加以下设计内容：

a. 具有记录、显示日产量（装药的瓶数或药瓶包装箱数）的功能。

b. 具有当日产量达到规定的数值时，显示工作完成的功能。

c. 采用数字显示器件显示。

2. 实训内容及要求

（1）药片自动装瓶 PLC 的控制方案原理说明。

（2）PLC 控制系统的硬件电路接线图、I/O 接线图。

（3）PLC 控制程序的设计及调试。

（4）总结（程序调试中的故障判断和处理方法）。

10.3.6 水箱液位控制

1. 水箱液位控制要求

如图 10.6 所示为水箱液位控制工作示意图，图中控制对象为 3 个水箱。水箱内侧分别设置有液位传感器 X1、X3、X5，用于检测水箱中水位的"满"；液位传感器 X2、X4、X6，用于检测水箱中水位的"空"；设置 3 个按钮 X11、X12、X13 操纵水箱进水、放水的工作方式。当水箱的水位为"空"时，系统可以自动进水；当水位为"满"时，系统可以自动放水。Y1、Y2、Y3 为进水阀，Y4、Y5、Y6 为出水阀。水箱液位的控制要求如下所述。

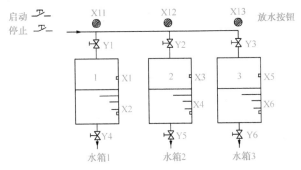

图 10.6 水箱液位控制工作示意图

（1）工作方式一。操作按钮 X11，系统启动后，自动执行水箱 1 进水→水箱 2 进水→水箱 3 进水的工作顺序，接着执行水箱 1 放水→水箱 2 放水→水箱 3 放水的过程，自动循环工作 3 次后停止运行。

（2）工作方式二。操作按钮 X12，自动执行 3 个水箱同时进水，全部装满后同时放水的操作。

（3）工作方式三。操作按钮 X13，自动执行水箱 1 进水、放水（n1 次）→水箱 2 进水、放水（n2 次）→水箱 3 进水、放水（n3 次）的操作，循环工作 3 次后自动停止运行。n1、n2、n3 可以设定。建议采用数据传送指令将 n1、n2、n3 送入数据寄存器，并将其作为计数器的计数常数设定值。

可根据实际实训的情况增加设计内容，设置操作顺序按钮 X11、X12、X13，实现随机选择进水、放水的顺序：

① 若操作按钮的顺序为 X11→X13→X12，则按照水箱 1→水箱 3→水箱 2 的顺序进水，再按照水箱 2→水箱 3→水箱 1 的顺序放水。

② 若操作按钮的顺序为 X13→X12→X11，则按照水箱 3→水箱 2→水箱 1 的顺序进水，再按照水箱 1→水箱 2→水箱 3 的顺序放水。其他随机选择的顺序也是按同样的方式执行。

2. 实训内容及要求

（1）水箱液位 PLC 控制方案的原理说明。

（2）PLC 控制系统的硬件电路接线图、I/O 接线图。

（3）梯形图程序的操作功能说明。

（4）PLC 控制程序的调试。

（5）总结（程序调试中的故障判断和处理方法）。

10.4　交通类自动控制课题

10.4.1　自动门控制

在自动门的上方设置有光电检测传感器，当有人接近门时，光电传感器输出信号为 ON，控制开门，接着自动关门。开、关门的动作分为高速和低速两种，不论是开门或关门都是首先高速动作，当自动门打开或关闭到某一位置时，低速开门限位开关或低速关门限位开关闭合后就转为低速动作。

1. 控制要求

（1）当有人接近门时，光电传感器输出检测信号，自动门首先执行高速开门动作。

（2）当低速开门限位开关为 ON 时，自动门转为低速开门动作。

（3）当自动门全部打开后，延时 2s，执行高速关门动作。

（4）高速开门动作使低速关门限位开关为 ON 时，转为低速关门动作，直至门完全关闭。

（5）在关门期间，如果光电传感器有检测信号输出，则立即停止关门动作，且延时 0.5s 后转为高速开门、低速关门的动作顺序。

（6）自动门的开门或关门动作，在开门限位开关或关门限位开关为 ON（门完全打开或关闭）后，立即停止开门或关门动作。

（7）自动门装置设置有开门手动按钮，当其闭合时，自动门立即高速打开并保持开门状态，直到按钮复位后，门立即高速关闭。

（8）开门手动按钮为 ON 时，相应的指示灯点亮。

2. 实训内容及要求

（1）自动门控制系统的原理说明。

（2）PLC 控制系统的硬件电路接线图、I/O 接线图。

（3）梯形图程序的操作功能说明。

（4）PLC 控制程序的调试。

（5）总结（程序调试中的故障判断和处理方法）。

10.4.2 交通灯自动控制

1. 交通灯自动控制要求

如图 10.7 所示为交通灯自动控制示意图和时序图，这是一个十字路口交通指挥灯的管理系统。具体的控制要求为：设置一个工作启动开关 K0，当其闭合时信号灯系统按照图 10.7 所示的时序循环运行，当 K0 断开时信号灯全部熄灭。

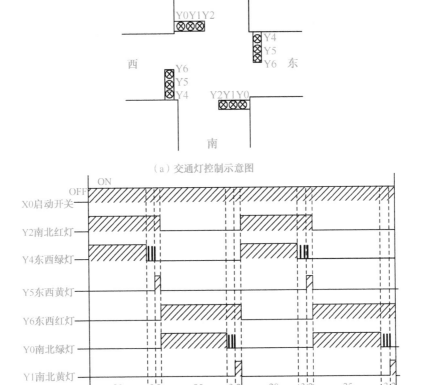

（a）交通灯控制示意图

（b）交通灯控制时序图

图 10.7 交通灯自动控制示意图和时序图

2. 实训内容及要求

（1）交通灯的 PLC 控制原理说明。

（2）PLC 控制系统的硬件电路接线图、I/O 接线图。

（3）梯形图程序的操作功能说明。

（4）PLC 控制程序及交通灯控制系统的调试。

（5）总结（程序调试中的故障判断和处理方法）。

10.4.3 隧道内汽车双向行驶控制

某地下隧道仅能通过一辆汽车，隧道的南道口简称为 A 口，北道口简称为 B 口。车辆的行驶速度严格规定为每小时 25～39km，全程时间为 45～56s，设计时留有约 12s 的裕量。如图 10.8 所示为该隧道各信号灯的工作时序图。

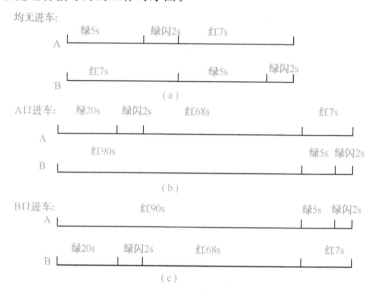

图 10.8　隧道信号灯的工作时序图

1. 控制要求

（1）无人值班指挥，能控制自动错开双向行车的时序。

（2）控制系统接通电源后，自动进入初始状态，A 口红灯（Y1）和 B 口红灯（Y3）同时点亮，5s 后熄灭。

（3）闭合启动按钮后，当两道口均无进车时，按图 10.8（a）所示的时序图执行红绿灯控制；当 A 口有进车时，按图 10.8（b）所示的时序图执行红绿灯控制；当 B 口有进车时，按图 10.8（c）所示的时序图执行红绿灯控制。

（4）如此周而复始，一直循环运行下去。

2. 设计参考内容

如图 10.9 所示为隧道汽车双向行驶程序流程图。设计程序时，按图 10.8（a）、（b）、（c）所示时序图的内容编写子程序，再采用主控指令及跳转指令实现 3 部分子程序的选择执行。I/O 地址分配如表 10.3 所示。

3. 实训内容及要求

（1）隧道汽车双向行驶的 PLC 控制方案说明。

（2）梯形图程序的注释。

（3）PLC 控制程序的调试。

（4）总结（程序调试中的故障判断和处理方法）。

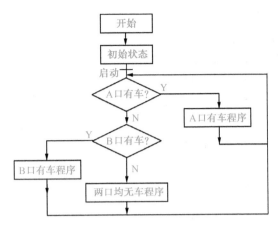

图 10.9　隧道汽车双向行驶程序流程图

表 10.3　I/O 地址分配

输　入		输　出	
A口进车	X11	A口绿灯	Y0
B口进车	X12	A口红灯	Y1
启　动	X10	B口绿灯	Y2
		B口红灯	Y3

10.4.4　5层电梯的 PLC 控制

采用 PLC 控制 5 层楼的乘客电梯，在每一层均安装有位置检测传感器 SQ，用于检测电梯轿厢到达信号。在 1～4 层均设置有上行的呼叫按钮 SB1～SB4，在 2～5 层均设置有下行呼叫按钮 SB5～SB8，如图 10.10 所示。

1. 控制要求

（1）当轿厢停在 1 层或 2、3、4 层时，如果 5 层有呼叫，则轿厢上升到 5 层后停止。

（2）当轿厢停在 2 层或 3、4、5 层时，如果 1 层有呼叫，则轿厢下降到 1 层后停止。

（3）当轿厢停在 1 层时，2、3、4、5 层均有人呼叫，则先到 2 层，停 2s 后继续上升，每层均停 2s，直至 5 层停止。

（4）当轿厢停在 5 层时，1、2、3、4 层均有人呼叫时，则先到 4 层，停 2s 后继续下降，每层均停 2s，直至 1 层停止。

（5）电梯轿厢到达每层的运行时间限定为 2s，超过 2s 则电梯自动停止运行。

（6）电梯在上升的途中，任何下降的呼叫均无效；电梯在下降的途中，任何上升的呼叫均无效。

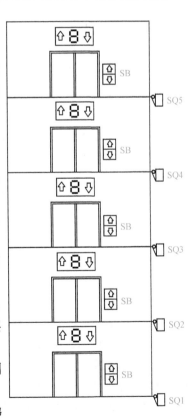

图 10.10　五层电梯的示意图

（7）轿厢运行期间不能打开门。

（8）轿厢的门没有关闭不能运行。

根据实际实训的情况可增加以下设计内容：

① 在轿厢运行途中，如果有多个呼叫，则优先响应与当前运动方向相同的就近楼层，对反方向的呼叫进行记忆，待轿厢返回时就近停止。

② 采用数码管对轿厢所在的楼层进行数字显示。

③ 采用符号显示器，对轿厢的运动方向进行显示。

2. 实训内容及要求

（1）电梯轿厢控制方案说明。

（2）PLC控制系统的I/O接线图设计。

（3）PLC控制程序的设计及调试。

（4）总结（程序调试中的故障判断和处理方法）。

10.4.5 汽车停车场的控制

某一广场的汽车停车场需采用PLC对进入或滞留的汽车进行控制。在停车场的入口和出口处均设置有光电检测传感器，在入口处设置有显示器，用于显示当前允许停车的数量，在入口处还设置有出卡机。在出口处设置有读卡机，用于记录汽车停留的时间及所需缴纳的费用，并能根据汽车停留的时间及收费标准进行收费计算控制。

1. 控制要求

（1）当入口处有车要进入时，光电传感器输出信号为ON，在出卡机的按钮闭合后，出卡机吐出停车卡一张，卡片上打印有汽车进入的时间。

（2）控制阻挡栏杆抬起，汽车进入后栏杆自动放下。

（3）汽车在出口处要离开停车场时，在读卡机的"光电敏感部位"放上停车卡，显示器显示出该车停留的时间及需要交付的停车费。

（4）具有停车费用的计算功能，如半个小时以内离开停车场（只是通过该广场），根据打卡机读出的记录时间，不收停车费，自动控制放行。停车超过半个小时后按照每小时4元钱收费，超过12小时后的时间按照每小时6元收费标准收费。超过24小时后的时间按照每小时10元的标准收费。

（5）在汽车进入停车场时，语音提示司机操作打卡机按钮取卡，司机取走卡后，才能放行。在汽车准备离开停车场时，语音提示司机进行读卡操作，在停车费用缴纳完毕后，执行放行控制。

（6）显示器控制。PLC控制显示牌滚动显示停车空位、收费标准等信息。

2. 实训内容及要求

（1）汽车停车场的控制系统的原理说明。

（2）PLC控制系统的硬件电路接线图、I/O接线图。

（3）梯形图程序的操作功能说明。

（4）PLC控制程序的调试。

（5）总结（程序调试中的故障判断和处理方法）。

10.5 模拟量数据处理课题

10.5.1 模拟输入信号的软件滤波

1. 项目内容

（1）算术平均值滤波法程序设计。在模拟量接口单元中一般配置了求平均值的功能，但有些接口单元的采样时间较短（一般为几毫秒），因此对于一些采样时间较长的场合，仍需要编程求平均值。如图 10.11 所示为 5 次采样的算术平均值滤波法程序流程图。

（2）限幅滤波法程序设计。由于被测对象的惯性使实际采样值的变化速率有限，同时采样电路的误差和电磁干扰都会造成采样值的起伏，且起伏频率较高，因此需要通过数字滤波消除。对很多实际过程来说，相邻两次采样值之差 ΔY 是不可能超过某一定值的，因为任何物理量变化都需要一定的时间，因此当 ΔY 大于某一定值时，可以判断该测量值肯定是由于某种原因引起的干扰，应将其去掉，用上一次的采样值来代替本次采样值，即 $Y(i) = Y(i-1)$。如图 10.12 所示为采用限幅滤波法的程序流程图。

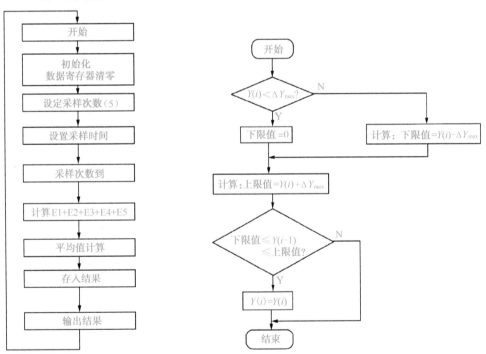

图 10.11 算术平均值滤波法程序流程图　　　　图 10.12 限幅滤波法的程序流程图

限幅滤波法的原理可用下面的公式表示：

当 $|Y(i) - Y(i-1)| \leqslant \Delta Y_{max}$ 时，$Y(i) = Y(i)$

当 $|Y(i) - Y(i-1)| > \Delta Y_{max}$ 时，$Y(i) = Y(i-1)$

式中，$Y(i)$ 为第 i 次采样值；$Y(i-1)$ 为第 $i-1$ 次采样值；ΔY_{max} 为相邻两次采样可能出现的最大偏差，ΔY_{max} 的值与采样周期 T 和实际过程有关，可以根据经验或试验来确定。

为了便于编程，将上式表示为以下形式：

当 $Y(i) - \Delta Y_{max} \leqslant Y(i-1) \leqslant Y(i) + \Delta Y_{max}$ 时，$Y(i) = Y(i)$，否则 $Y(i) = Y(i-1)$。

2. 实训内容及要求

（1）软件滤波的设计方案说明。

（2）梯形图程序的注释。

（3）PLC 控制程序的调试。

（4）总结（程序调试中的故障判断和处理方法）。

10.5.2 仪表量程转换控制

1. 量程自动转换及求平均值的流程图

如图 10.13 所示为量程自动转换及求平均值的流程图，图中 N 为测量次数，N 越大最后的结果就越接近测量真值，但所需要的转换时间就越长。图 10.13 所示流程图可以实现根据测量的实际情况自动变动 N 值，达到既可以减小随机误差的影响，又可以适当地提高测量速度的目的。若将该程序用于具有某种自动量程转换显示程序中，可实现依据被测电压的大小，自动选择由大到小共 6 挡量程（编号为 $Q=1$、2、…、6）。工作在 1 挡时被测电压很弱，随机信号的影响相对最大，因而这时测量的次数就应该多些（N 值取得大一些，如取 $N=10$）；

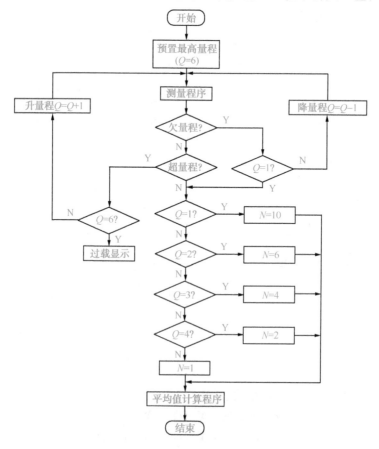

图 10.13　量程自动转换及求平均值的流程图

工作在第 2 挡时，随机误差影响就相对小一些，这时可以取 $N=6$；工作在第 3 挡时取 $N=4$；工作在第 4 挡时取 $N=2$；工作在第 5、6 挡时只做单次处理，故 $N=1$。

自动量程转换及求平均值的工作过程为：系统运行前将量程预置为最高（$Q=6$），然后进行测量并判断测量值是否为欠量程。如果为欠量程，则判断这时的 Q 值是否为 1，若不为 1，则降低一挡量程（即 $Q=Q-1$），再重复上述测量、判断过程，直到不是欠量程或 $Q=1$ 时为止；若 $Q=1$ 则取 $N=10$ 并进行平均值计算。如果不是欠量程则判断是否为超量程，如果是超量程，则判断 Q 是否等于 6。若此时 $Q=6$，则做过载显示；若 Q 不等于 6，则升高一挡量程（即 $Q=Q+1$），再重复上述测量、判断过程，直到不是超量程为止，然后判断此时的 Q 等于多少，根据 Q 值可选取 N 等于 10、6、4、2 或 1，最后再计算平均值。

该流程图实现了最终选择最合适的量程，然后根据量程再选取适当的 N 值求平均值，显然提高了测量精度。

可根据实际实训的情况进行删减或增设内容（如可减小量程挡，由 6 挡变为 3 挡，或删去平均值的计算等）。

2. 实训内容及要求

（1）量程自动转换及求平均值的设计方案说明。

（2）梯形图程序的注释。

（3）PLC 控制程序的调试。

（4）总结（程序调试中的故障判断和处理方法）。

10.6 生产过程自动控制实训课题

10.6.1 植物灌溉系统的控制

某苗圃有 A、B、C3 个种植不同植物的区域。在常规情况下要求采用不同的灌溉方式进行浇灌，同时还可以自动根据天气情况改变灌溉方式。考虑到系统的可靠性和经济性，要求系统有手动控制和自动控制两种功能。根据不同植物生长的特点和要求，要求灌溉系统具有多种浇灌方式及控制功能。

1. 控制要求

（1）A 区要求采用喷雾方法灌溉，每喷 2min，停止 4min，连续执行 1h 后自动停止，每间隔 2h 工作一次。工作时间为每天 8 点开始，17 点停止。

（2）B 区采用旋转式喷头进行喷灌，分为两组同时工作，每喷灌 5min，停止 20min，连续工作 1h。每天 9 点一次，16 点一次。

（3）C 区采用旋转式喷头进行喷灌，分为两组，采用交替灌溉方式，即每隔 2 天灌溉 1 次，时间为 2h。

（4）如果遇到阴雨天，则自动全天停止对沙床苗圃（B 区）和盆栽花卉的灌溉（A 区）。

（5）具有温度、湿度的检测及报警功能，当温度、湿度达到控制点数值时，进行报警并停止运行。

（6）具有报警指示和报警灯测试及蜂鸣器消音功能。

（7）自动、手动工作开关设置有相应的指示灯。

2. I/O 地址分配

I/O 地址分配如表 10.4 所示。

表 10.4　I/O 地址分配

输　入		输　出	
手动工作开关	X0	总阀	Y0
自动工作开关	X1	手动指示灯	Y1
报警灯测试按钮	X2	自动指示灯	Y2
蜂鸣器消音按钮	X3	A 区阀	Y3
雨量传感器	X4	B 区阀	Y4、Y14
湿度传感器	X5	C 区阀	Y5
温度传感器	X6	温度报警	Y6
		湿度报警	Y7
		报警蜂鸣器	Y10

3. 实训内容及要求

（1）植物灌溉系统的控制原理及说明。

（2）PLC 的 I/O 接线图。

（3）梯形图程序的操作功能说明。

（4）PLC 控制程序的调试。

（5）总结（程序调试中的故障判断和处理方法）。

10.6.2　化工加热炉温度控制

1. 某化工加热反应釜的组成

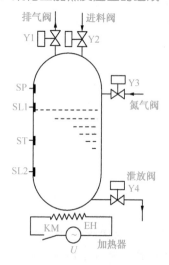

图 10.14　某化工加热反应釜的结构示意图

如图 10.14 所示为某化工加热反应釜的结构示意图。图中 Y1、Y2、Y3、Y4 为电磁阀，SL1 和 SL2 为液位传感器，ST 为温度传感器，SP 为压力传感器，设反应釜内的温度范围为 0～500℃，压力范围为 0～10MPa。

2. 反应釜加热工艺过程

（1）送料控制。

① 检测到液面 SL2、炉内温度 ST、釜内压力 SP 都小于给定值时，传感器 SL2、ST、SP 均为 OFF 状态。

② 打开排气阀 Y1 和进料阀 Y2。

③ 当液位上升到液面 SL1 时，应关闭排气阀 Y1 和进料阀 Y2。

④ 延时 20s，开启氮气阀 Y3，氮气进入反应釜，

釜内压力上升。

⑤ 当压力上升到给定值时，即 SP＝ON 时，关闭氮气阀 Y3，送料过程结束。

（2）加热反应过程控制。

① 交流接触器 KM 得电，接通加热器 EH 的电源。

② 当温度升高到给定值时（ST＝ON），切断加热电源，交流接触器断电。

③ 延时 10s，加热过程结束。

（3）泄放控制。

① 打开排气阀，使釜内压力降到预定最低值（SP＝OFF）。

② 打开泄放阀，当釜内溶液降至液位下限时（SL2＝OFF），关闭泄放阀和排气阀，系统恢复到原始状态，准备进入下一循环。

（4）设置系统的启动按钮和停止按钮。按下启动按钮时系统开始工作，按下停止按钮时系统必须在一个循环的工作结束后才能停下来。

（5）具有液位、温度和压力的报警功能。

3. 实训内容及要求

（1）温度传感器、压力传感器及模拟量模块的选择使用说明。

（2）PLC 的 I/O 接线图。

（3）梯形图程序的操作功能说明。

（4）PLC 控制程序的调试。

（5）总结（程序调试中的故障判断和处理方法）。

10.6.3　干燥箱温度控制

如图 10.15 所示为干燥箱温度控制程序流程图。设计满足下述要求的 PLC 控制程序。

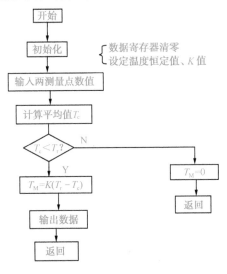

图 10.15　干燥箱温度控制程序流程图

1. 控制要求

（1）采用热电阻温度传感器实现干燥箱内的温度检测，干燥箱的温度控制范围为 0～

300℃。要求实现干燥箱内温度值恒定为 T_r，T_r 为温度控制范围内的某一数值。

（2）选用两个热电阻温度传感器，安置在干燥箱内两个温度检测点上，T_{c1}、T_{c2} 为两个检测点的温度测量值，两个检测点的温度平均值 $T_c=(T_{c1}+T_{c2})/2$，T_c 为干燥箱的实际温度。

（3）采用比例作用控制方式，当 $T_c<T_r$ 时加温，输出加温控制信号 $T_M=K(T_r-T_c)$，根据 T_M 数值的大小控制输出端信号为 ON 的时间，用于控制干燥箱加热升温；当 $T_c\geqslant T_r$ 时不加温，输出的控制信号 $T_M=0$。

（4）采用数字显示器件显示被控温度的平均值。

（5）具有上限温度报警功能。

2. 实训内容及要求

（1）温度传感器的选择及温度控制系统的原理说明。

（2）模拟量输入模块的使用说明。

（3）PLC 的 I/O 接线图。

（4）梯形图程序的操作功能说明。

（5）PLC 控制程序及温度控制系统的调试。

（6）总结（程序调试中的故障判断和处理方法）。

10.6.4 LM35 温度传感器控温及报警

1. LM35 的控温系统原理

如图 10.16 所示为使用 LM35 的控温系统原理图，图中采用 LM35D 温度传感器实现温度的检测，LM35 为电压输出型集成单片温度传感器。如图 10.17 所示为 LM35 组成的简易摄氏温度传感器电路。

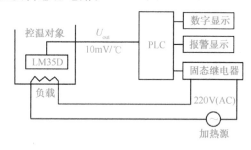
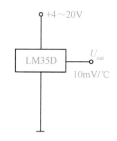

图 10.16　使用 LM35 的控温系统原理图　　图 10.17　简易摄氏温度传感器电路

LM35 温度传感器广泛应用于打印机、传真机、磁盘驱动器、电池过热器的保护电路，以及便携式医疗设备和电力供电组件中。

图中采用的是 LM35D，其工作电源电压为 $-0.2\sim35.0V$；输出电压为 $-1.0\sim6.0V$，输出电流为 10mA，工作温度范围为 $0\sim100℃$，线性温度系数为 $+10.0mV/℃$。

2. 设计要求

（1）采用 LM35D 温度传感器实现两位式温度控制，温度检测范围为 $0\sim100℃$。当 LM35D 测得的温度（测量值）低于设定值时，PLC 输出加温信号给固态继电器，固态继电器闭合接通交流 220V 电源给加热对象（负载）加热；当被测温度低于设定值时，固态继电器断开，停止加热（处于保温状态）。

（2）可以在 50～100℃ 范围内进行温度控制值设定。

（3）采用 3（1/2）位 LED 数码管显示温度测量值及温度设定值，显示的分辨率为 1℃。

（4）具有上限温度报警功能，可以手动设定报警值（50～100℃ 之间），采用 LED 发光二极管实现报警显示。

可根据实际实训的情况增设以下设计内容：

① 输出与 0～100℃ 对应的标准电流信号 4～20mA，并用数码管显示电流值。

② 用 LED 数码管显示加温和保温状态（红灯加热、绿灯保温）。

3. 实训内容及要求

（1）温度传感器的基本检测原理及温度控制系统的原理说明。

（2）PLC 控制系统的硬件电路接线图、I/O 接线图。

（3）程序设计及调试。

（4）PLC 温度控制系统的调试。

（5）温度控制系统硬件元器件的选择依据、系统的调试步骤说明。

（6）总结（程序调试中的故障判断和处理方法）。

10.6.5 炉窑温度模糊控制

如图 10.18 所示为炉窑温度控制系统示意图，图中有两个炉窑，分别设置有启动、停止和急停的按钮开关，同时还设有总启动和总停止按钮开关。要求设计满足以下控制要求的程序。

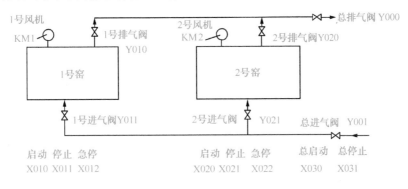

图 10.18 炉窑温度控制系统示意图

1. 系统总的顺序控制要求

（1）按下总启动按钮后，允许两个炉窑按照各自的控制要求运行，如果按下总停止按钮，则禁止系统运行。

（2）每个炉窑具体的控制要求如下。

① 启动风机电动机，使炉窑内的热气流循环。

② 打开进气阀，使热气流（蒸汽）进入炉窑。

③ 经过一定时间的恒温控制（如 10h），关闭进气阀。打开排气阀，排出热气流。

④ 按下停止按钮，则关闭风机，延时 10s 后关闭排气阀，每个炉窑的进气阀只有在总进气阀打开 5s 后才能打开，只要有一个炉窑的进气阀需要排气，就要打开总排气阀。

2. 炉窑内的温度控制要求

每个炉窑通过一只热敏电阻进行温度检测，采用模糊控制算法进行温度控制。

总进气阀、总排气阀及每个炉窑的进气阀、排气阀都采用电磁阀，通过控制电磁阀的接通时间，实现恒温控制。具体要求如下：

（1）当实际检测温度低于设定值的50%时，进气阀打开的占空比为100%。

（2）当实际检测温度高于设定值的50%，且低于设定值的80%时，进气阀打开的占空比为70%。

（3）当实际检测温度高于设定值的90%，且低于设定值的100%时，进气阀打开的占空比为30%。

（4）当实际检测温度高于设定值的120%时，进气阀打开的占空比为0%。

3. 设计方案提示

当采用模糊控制算法时，总进气阀、总排气阀及每个炉窑的进气阀和排气阀都采用电磁阀，通过控制电磁阀的接通时间，实现恒温控制。

若采用PID规律，每个炉窑的电磁阀（开关量的控制）改为调节阀（模拟量的控制），通过调节电动阀门的开度，完成恒温控制。编程时采用脉宽调制指令PWM控制调节阀动作，实现控制作用。

设计内容可根据实际需要分为两个题目进行：顺序控制部分和模拟量的温度控制部分。也可以再增加温度PID控制内容。

4. 实训内容及要求

（1）炉窑温度控制框图及控制原理说明。

（2）PLC的I/O接线图。

（3）梯形图程序的操作功能说明。

（4）PLC控制程序的调试。

（5）总结（程序调试中的故障判断和处理方法）。

10.6.6 育苗房温度和湿度的控制

某育苗房内的温湿度控制，要求在育苗房内设置温度传感器和湿度传感器，对温湿度进行检测，采用PLC模拟量输入模块将温度和湿度传感器输出的模拟量输入到PLC。

1. 控制要求

（1）在育苗房内安装1只温度传感器和1只湿度传感器。

（2）温度传感器对应0～100℃的检测范围，输出4～20mA的标准电流。

（3）采用H104R型湿度传感器的测量电路。对应（35%～85%）RH湿度测量范围，该电路输出3.5～8.5V的标准电压信号，湿度测量精度为±4.0%。

（4）当室内的湿度低于40%RH时，控制黄色指示灯点亮，并输出控制信号启动加湿器工作；当室内的湿度高于75%RH时，控制红色指示灯点亮，发出控制信号启动抽风机工作；当室内的湿度在40%～75%RH之间时，控制绿色指示灯点亮。

（5）采用温度传感器监视室内温度的变化，当室内的温度值高于30℃时，同样也启动抽风机工作。

2. 实训内容及要求

（1）温度和湿度传感器及模拟量模块的选择使用说明。

（2）PLC温湿度控制系统框图及控制原理说明。

（3）PLC 控制系统的硬件电路接线图、I/O 接线图。

（4）梯形图程序的操作功能说明。

（5）PLC 控制程序及温度、湿度控制系统的调试。

（6）总结（程序调试中的故障判断和处理方法）。

10.6.7 油漆喷涂车间通风系统的控制

某油漆喷涂车间的通风系统要求采用 PLC 控制。该车间设置有 3 台通风机，根据有害气体的检测量控制通风机工作。在车间的操作工位处设置有 4 个有害气体测量变送器，用于测量有害气体的成分。

1. 控制要求

（1）采用模拟量 I/O 模块将气体测量变送器输出的 1～5V 的电压信号接入 PLC。编程实现有害气体检测量和 I/O 模块输出数字量之间的标度变换。假设对应 1～5V 电压信号，有害气体 CO 的检测范围为 0～1000ppm。

（2）该气体检测传感器的响应时间为 20s。取 4 个有害气体检测变送器测量值的平均值为车间内有害气体的测量值。每间隔 30min 对 4 个变送器的测量值进行 1 次平均值计算。

（3）控制显示器进行有害气体测量值、设定值及报警值的显示。

（4）正常工作时，车间内只有 1 台通风机工作。当有害气体超出设定值时，启动 3 台通风机全部工作，同时控制指示灯闪烁报警。

（5）在 3 台通风机同时工作 30min 后，检测值仍大于设定值（检测有害气体浓度仍超标）时，指示灯改变闪烁频率，同时蜂鸣器发出报警声，提示系统出故障，需要检修。

（6）补充设计内容：假设气体传感器特性为某一形式的非线性特性，试采用 PLC 编程实现传感器的非线性特性的线性化处理。

2. 实训内容及要求

（1）查阅并选择气体检测变送器，了解其传感器的特性及变送器的主要技术指标。

（2）I/O 模拟量模块的选择依据、参数设置及应用说明。

（3）PLC 控制系统的硬件电路接线图、I/O 接线图。

（4）梯形图程序的操作功能说明。

（5）单独调试非线性特性的线性化处理程序。

（6）将标准 1～5V DC 信号作为输入信号接入系统，模拟进行系统控制程序的调试。

（7）总结（程序调试中的故障判断和处理方法）。

10.7　机械加工控制实训课题

10.7.1 反接制动继电器控制改建 PLC 控制

1. 控制要求

如图 10.19 所示为电动机正反转的反接制动继电器控制电路，电动机无论正转运行还是反转运行都能实现反接制动。要求采用PLC实现继电器硬件电路的控制功能。

设电动机型号为Y132M-4-B3，其额定功率为7.5kW，额定电压为380V，额定转速为145r/min。

2. 实训内容及要求

（1）电动机的继电器控制电路原理说明。

（2）PLC的I/O接线图、控制面板图的设计。

（3）PLC外部电路元器件的选择及参数计算。

（4）控制程序的设计及调试。

（5）控制系统整机联调的步骤及说明。

（6）总结（程序调试中的故障判断和处理方法）。

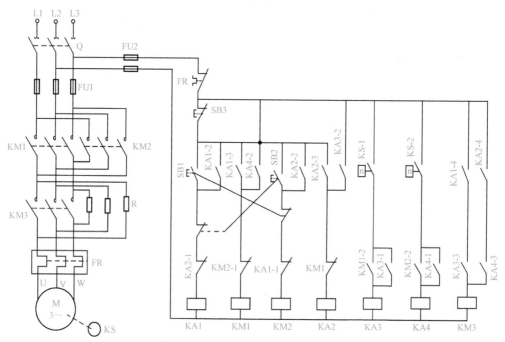

图10.19　电动机正反转的反接制动继电器控制电路

10.7.2　普通机床的PLC控制

1. 控制要求

采用PLC对普通机床的部分功能进行控制。该机床共有3台三相笼型异步电动机：主轴电动机M1、润滑油电动机M2、冷却泵电动机M3。具体的控制要求如下所述。

（1）M1直接启动，单向转动，不需要调速，采用能耗制动方式且可以点动试车。

（2）M1必须在M2工作3min后，才能启动。

（3）M2、M3共用一个交流接触器，如不需要M3工作时，可以用转换开关切断。

（4）电动机具有必要的保护措施。

（5）装有工作照明灯一个，电压为36V。电网电压及控制电路电压均为380V AC。

2. 实训内容及要求

（1）PLC 的 I/O 接线图、机床控制面板图的设计。

（2）主电路原理图的设计。

（3）PLC 外部电路元器件的参数计算及选择。

（4）机床控制程序的设计和调试。

（5）控制系统整机联调的步骤及说明。

（6）总结（程序调试中的故障判断和处理方法）。

附录 A FX$_{2N}$系列 PLC 的输入/输出端子排列图

1. FX$_{2N}$-16MR / MT 型 PLC

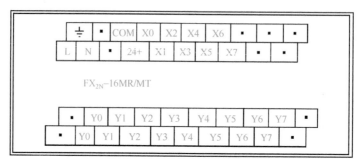

2. FX$_{2N}$-32MR / MS / MT 型 PLC

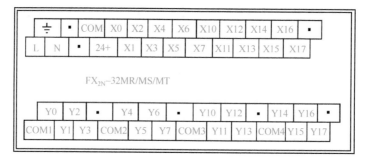

3. FX$_{2N}$-48MR / MS / MT 型 PLC

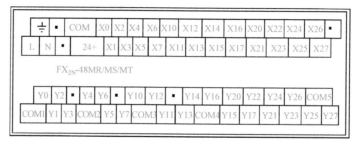

附录 B　FX 系列 PLC 特殊辅助继电器的功能说明表

FX 系列 PLC 部分特殊继电器的功能说明

特殊辅助继电器	功　能	特殊数据继电器	功　能
M8000/M8001	RUN 监控（动合/动断触点）	D8000	警戒时钟
M8002/M8003	初始脉冲（动合/动断触点）	D8001	PLC 型号及系统版本
M8004	出错	D8002	储存器容量
M8005	电池电压低	D8003	存储器类型
M8006	电池电压低锁存	D8004	出错 M 的编号
M8007	电源瞬停检出	D8005	电池电压
M8008	停电检出	D8006	电池电压低时的数值
M8009	DC 24V 关断	D8008	停电检出时间
M8011/M8012	10ms/100ms 时钟	D8009	DC24V 关断的单元号
M8013/M8014	1ms/1min 时钟	D8010	当前扫描时间
M8020	零标志	D8011	最小扫描时间
M8021/M8022	借位/进位标志	D8012	最大扫描时间
M8023	浮点操作	D8028	Z 数据寄存器
M8024	BMOV 方向，ON 计数器方向	D8029	V 数据寄存器
M8030	电池 LED OFF	D8039	固定扫描宽度
M8034	禁止所有输出	D8040	最小的活动 STL 状态器号
M8036/M8037	强制运行/停止信号	D8041	第 2 个活动 STL 状态器号
M8040	禁止状态转移	D8046	第 7 个活动 STL 状态器号
M8041	状态转移开始	D8049	最小的活动报警器号
M8042	启动脉冲	D8060	I/O 编号出错的第一个 I/O 元件号
M8043	回原点完成	D8061	PLC 硬件出错码编号
M8044	原点条件	D8062	PLC/PP 通信出错的错误码编号
M8045	禁止输出复位	D8063	并机通信错误码编号
M8046	STL 状态置 ON	D8064	参数出错的错误码编号
M8047	STL 状态监控有效	D8065	语法出错的错误码编号
M8060	I/O 编号错	D8066	电路出错的错误码编号
M8061	PLC 硬件错	D8067	操作出错的错误码编号
M8064	参数出错	D8068	操作出错的步序号编号
M8065	语法出错	D8069	错误的步序号
M8066	电路出错	D8070	并行连接看门狗定时
M8067	操作出错	D8102	内存容量
M8069	I/O 总线检查	D8109	输出刷新错误

参 考 文 献

［1］高勤. 电器及 PLC 控制技术（第 2 版）. 北京：高等教育出版社，2008.

［2］FX$_{2N}$ PLC 操作手册. 三菱公司.

［3］高勤. 传感器及 PLC 应用. 北京：高等教育出版社，2009.

［4］廖常初. FX 系列 PLC 编程及应用. 北京：机械工业出版社，2006.

［5］孙振华. 可编程控制器原理及应用. 北京：清华大学出版社，2005.

［6］胡学林. 可编程控制器教程（实训篇）. 北京：电子工业出版社，2004.

［7］张万忠. 可编程控制器应用技术. 北京：化学工业出版社，2013.

［8］俞国亮. PLC 原理与应用. 北京：清华大学出版社，2005.

［9］陈立定. 电气控制与可编程序控制器的原理及应用. 北京：机械工业出版社，2005.

［10］施金良. 可编程序控制器. 重庆：重庆大学出版社，2005.

［11］江秀汉等. 可编程控制器原理及应用. 西安：电子科技大学出版社，2003.

［12］郁汉琦，郭建. 可编程控制器原理及应用. 北京：中国电力出版社，2004.

［13］曹辉，霍罡. 可编程控制器过程控制技术. 北京：机械工业出版社，2006.

［14］黄净. 电器控制与可编程控制器. 北京：机械工业出版社，2005.

［15］汤自春. PLC 原理及应用技术. 北京：高等教育出版社，2006.